"青海省东昆仑东段金银多金属成矿系列研究与关键勘查技术应用示范"项目资助
(青色地[2021]34号)

青海省东昆仑东段金银多金属成矿系列研究与关键勘查技术应用

QINGHAI SHENG DONGKUNLUN DONGDUAN JIN YIN DUOJINSHU CHENGKUANG XILIE YANJIU YU GUANJIAN KANCHA JISHU YINGYONG

沈小荣　谭　俊　杨宝荣　陈海福
王晓云　井国正　王凤林　石文杰　编著
刘晓阳　马忠贤　曹守林

图书在版编目(CIP)数据

青海省东昆仑东段金银多金属成矿系列研究与关键勘查技术应用/沈小荣等编著. —武汉:中国地质大学出版社,2024.6
ISBN 978-7-5625-5805-7

Ⅰ.①青… Ⅱ.①沈… Ⅲ.①多金属矿床-成矿系列-研究-青海 ②多金属矿床-地质勘探-研究-青海 Ⅳ.①P618.2

中国国家版本馆 CIP 数据核字(2024)第 112129 号

青海省东昆仑东段金银多金属成矿系列研究与关键勘查技术应用	沈小荣　谭　俊　杨宝荣　陈海福 王晓云　井国正　王凤林　石文杰　编著 刘晓阳　马忠贤　曹守林
责任编辑:韦有福	选题策划:韦有福　张　健　　　　责任校对:宋巧娥

出版发行:中国地质大学出版社(武汉市洪山区鲁磨路388号)	邮政编码:430074
电　　话:(027)67883511　　传　　真:(027)67883580	E-mail:cbb@cug.edu.cn
经　　销:全国新华书店	http://cugp.cug.edu.cn
开本:787毫米×1092毫米 1/16	字数:288千字　印张:11.25
版次:2024年6月第1版	印次:2024年6月第1次印刷
印刷:湖北睿智印务有限公司	
ISBN 978-7-5625-5805-7	定价:98.00元

如有印装质量问题请与印刷厂联系调换

《青海省东昆仑东段金银多金属成矿系列研究与关键勘查技术应用》

编委会

主　编：沈小荣　谭　俊　杨宝荣　陈海福
　　　　王晓云　井国正　王凤林　石文杰
　　　　刘晓阳　马忠贤　曹守林
副主编：李文君　李小亮　张志强　何俊江
　　　　张里斌　严正平　张松涛　王生龙
　　　　张斌顺　杨一军　杨顺龙　李世恩
　　　　马　宁　张正虎　肖积福　薛超平
　　　　王　军　李二锋　王克铭　尚生茂
　　　　李永娜　熊生云　冶玉娟　王　艳
　　　　张萱颖　马　芳　张　冕

前　言

　　矿产资源是国民经济和社会发展的物质基础,矿产资源安全是新时代国家安全体系的重要组成部分,关乎国家经济社会发展的全局性、战略性。党的二十大报告要求"确保粮食、能源资源、重要产业链供应链安全",加强找矿勘查意义重大。青海省矿产资源丰富,有58种矿产资源保有储量列居全国前十,矿业经济在全省经济发展中占有举足轻重的地位,其产值占全省生产总值的18%以上,盐湖矿产、有色金属、贵金属等对经济发展贡献巨大。近年来,随着"绿水青山就是金山银山""矿业开发与环境保护协调统一发展"等理念的提出,以及找矿难度不断加大,青海省亟需构建基于理论创新成果支撑的找矿方法体系来推动地勘事业的高质量发展,同时也为国家新一轮找矿突破战略行动提供重要支撑。

　　东昆仑成矿带位于青海省中部,处于古亚洲构造域与特提斯构造域叠接复合部位,成矿地质条件优越,成矿作用类型复杂,矿种丰富多样,矿产地总数位居全省第一。目前,东昆仑东段的找矿工作以"找金、找银"为主,勘查发现了果洛龙洼、瓦勒尕、按纳格、阿斯哈、巴隆、德龙等多个大中型岩浆-热液脉型金矿床,探明金储量超过130 t,那更康切尔大型独立银矿探明银金属量超4500 t,取得了丰硕的找矿成果。然而,受自然地理环境恶劣、勘查工作程度低、以往资料繁多冗杂且利用难度大、科研投入不足等客观因素影响,地质找矿工作仍面临诸多困难,限制了有效勘查选区及找矿突破,陷入了"守着大片疆土,却无矿可找"的尴尬境地。同时,区内已发现大量斑岩-矽卡岩型矿床找矿线索,但是有关部门对其重视与研究程度有限。因此,青海省亟需开展区内与岩浆-热液作用有关的成矿理论研究,研发适合高寒覆盖区的勘查技术方法,指导找矿工作快速取得新突破。

　　笔者以成矿系列和成矿系统理论为指导,在翔实矿床地质特征调查的基础上,系统研究了岩浆-热液脉型金矿、脉型银铅锌多金属矿、斑岩型铜钼多金属矿和矽卡岩型铁铜钨多金属矿的时间-空间组合,物质来源和共生关系,成矿动力学背景等,构建了"四类一体"岩浆-热液成矿系统模式,为推进东昆仑东段体系化、系统化、全局化找矿勘查提供了理论支撑;以综合找矿信息集成和成矿规律总结为抓手,全面归纳总结了大比例尺构造-蚀变专项填图、1∶2.5万地球化学测量、地球物理深探测、高分辨率遥感解译等新方法在干旱—半干旱高寒山区的找矿应用效果,提取了不同类型矿床的找矿预测要素,构建了综合信息找矿预测模型;以模型为指导,圈定找矿靶区20处,为勘查工作部署提供了重要依据,并在迈龙、色日、达热尔等地找矿取得了新突破;成矿系统新理念、找矿方法新组合,也促使"新区域、新深度、新矿种"找矿取得了实质性进展。

本书所述工作是在青海省有色地质矿产勘查局的关怀指导下,由青海省有色第三地质勘查院承担实施,中国地质大学(武汉)协作完成。所述内容是项目团队在前人研究成果和本次工作基础上的归纳总结,书中除引用了已注明的公开出版论文、专著外,还大量引用了前人在东昆仑地区完成的区域地质调查、矿产勘查、矿山开发利用、地质专题研究等资料,后者由于未公开出版,故没有列入本书的参考文献目录中。在此,对给予本书和研究过程中提供帮助的所有同志和本书引用资料的作者与单位一并表示谢意!

由于时间紧以及笔者水平有限,书中难免有所疏漏,欢迎读者批评指正。

编著者

2024年2月

目 录

第一章 绪 言 ·· (1)

    第一节 研究背景与意义 ·· (1)

    第二节 研究区地理条件 ·· (2)

    第三节 研究现状及存在问题 ··· (3)

第二章 研究区地质矿产特征 ··· (8)

    第一节 大地构造背景 ··· (8)

    第二节 地 层 ·· (8)

    第三节 构 造 ·· (15)

    第四节 岩浆岩 ·· (17)

    第五节 变质岩 ·· (20)

第三章 成矿系列与成矿系统 ··· (23)

    第一节 岩浆-热液脉型金成矿系列 ·· (23)

    第二节 岩浆热液脉型银铅锌多金属成矿系列 ··· (33)

    第三节 矽卡岩型铁铜钨多金属成矿系列 ··· (41)

    第四节 斑岩型铜钼多金属矿成矿系列 ·· (47)

    第五节 成岩成矿动力学背景 ··· (53)

    第六节 中—晚三叠世岩浆-热液成矿系统模式 ·· (56)

第四章 综合勘查技术应用与研究 ··· (63)

    第一节 大比例尺构造-蚀变填图与找矿信息提取 ··· (63)

    第二节 勘查地球化学应用与找矿信息提取 ·· (77)

第三节　勘查地球物理应用与找矿信息提取 …………………………………… (105)

　　第四节　遥感地质特征与找矿信息提取 …………………………………………… (117)

第五章　综合信息集成与成矿预测 …………………………………………………… (136)

　　第一节　控矿因素与成矿规律 ……………………………………………………… (136)

　　第二节　预测要素及找矿模型 ……………………………………………………… (142)

　　第三节　成矿预测 …………………………………………………………………… (148)

　　第四节　靶区验证情况 ……………………………………………………………… (152)

第六章　成果认识及存在的问题 ……………………………………………………… (155)

　　第一节　主要结论及创新点 ………………………………………………………… (155)

　　第二节　存在的问题 ………………………………………………………………… (156)

主要参考文献 …………………………………………………………………………… (157)

第一章　绪　言

第一节　研究背景与意义

矿产资源是支撑国家经济社会发展的重要基石,是保障国家资源安全的核心和关键。在当前世界百年未有之大变局下,我国经济发展增速与矿产资源增储严重不匹配,部分紧缺矿种对外进口依存度逐年增长,已使我国矿产资源安全保障面临严峻的挑战。青海省矿产资源丰富,已发现矿产种类高达137种(其中金属矿产46种),有色金属和贵金属资源储量优势明显,战略性矿产资源金、铜储量均在全国位列前茅(潘彤等,2022)。然而受部分地区勘查程度低、工作手段单一、科研投入不足等问题制约,青海省地质勘查工作尚有很大进步空间。如何有效推进资源勘查,实现找矿突破,保障资源持续有效供给,提升优势矿种对青海省经济发展的支撑能力,是青海省当前所面临的紧迫任务。

东昆仑造山带位于中央造山带西部,横跨青海省中部,其北部为柴达木盆地,南邻巴颜喀拉地块,西端以阿尔金大型走滑断裂为界与西昆仑隔开,东以温泉断裂为界与鄂拉山-秦岭相接,带内成矿地质条件优越,铜、铁、锌、钴、金、铅等金属矿产尤为丰富,是青海省重要的工业矿床集中分布区。而东昆仑东段构造岩浆活动强烈,为成矿提供了优越的地质背景,是青海省重要的金资源基地。东部沟里金矿田内产出多个大中型脉状金矿床,如果洛龙洼、按纳格、阿斯哈、瓦勒尕、德龙等,总控制金金属量已超过130 t(黄啸坤,2021)。西部巴隆地区亦发现巴隆金矿、托克妥铜金矿等中小型矿床,显示出较大的找矿潜力。区内那更康切尔矿床是东昆仑地区首个超大型脉状银多金属矿床,其银储量可达4500 t(Chen et al.,2021)。此外,区内找矿实践还发现了大量斑岩-矽卡岩型铁铜钨钼多金属矿化,为新类型新矿种找矿提供了信息。如何以成矿理论为依据,以科技创新为手段,主攻优势矿种找矿同时,拓宽找矿思路,实现地勘工作在勘查区域、矿种和类型上取得实质性进展,并为东昆仑东段的地质找矿工作提供参考性建议,是当前一项迫在眉睫的重大任务。

各勘查单位相继在研究区开展了大量的地质找矿工作,为研究区积累了大量的宝贵资料和丰富的找矿线索,相关高校与科研院所完成的科研工作也为解决区内存在的基础地质和成岩成矿等相关科学问题提供了大量科学认识。然而由于以往工作完成时间跨度大,涉及的项目和参加单位众多,致使资料综合利用难度大,相关认识存在局限性与滞后性,尤其是在找矿选区方面缺乏从整体角度出发的系统性。目前,区内找矿工作还局限于东部沟里金矿田内,考虑到沟里外围及巴隆地区亦具有相似的成矿地质背景且找矿潜力巨大,因此有必要在全区系统开展中大比例尺综合信息集成工作,"抽丝剥茧"地提取找矿信息。

青海省有色地质矿产勘查局为此实施了"青海省东昆仑东段金银多金属成矿系列研究与关键勘查技术应用示范"项目,目的在于以现代成矿系统理论为指导,通过系统系列图件编制和多元地质信息集成工作,总结区域成矿规律、划分成矿系列、建立成矿系统模式、构建找矿模型、圈定找矿靶区,为合理规划和部署矿产勘查工作提供依据,建立适合矿集区实现找矿突破的技术方法组合,充分发挥科技成果在勘查应用中的引领作用,提高矿产勘查的总体技术水平,指导东昆仑东段地区实现找矿突破。

第二节　研究区地理条件

研究区位于青海省海西蒙古族藏族自治州都兰县境内,行政区划隶属都兰县管辖。西宁市至区内都兰县香日德镇 500 km,有青藏公路(G109)和京藏高速公路(G6)相通,香日德镇至沟里乡 80 km,有香日德—花石峡高速(德马高速 G615)和乡级公路相通,交通较为便利(图 1-1)。研究区总面积约为 1.01 万 km^2,涉及 25 个 1∶5 万标准图幅。

图 1-1　研究区交通位置图

研究区位于昆仑山东段,地处昆仑山系布尔汗布达山脉区,地形以高山为主,区内山势陡峻,地形切割强烈,除山脊岩石裸露外,山间盆地、沟谷及山麓多有风成黄土及风成沙覆盖。区内相对高差约1200 m,平均海拔4000 m以上,总体呈现南高北低的地貌格局。中北部属于典型的大陆性高原荒漠气候,空气稀薄,干旱多风,气候寒冷,昼夜温差大,冰冻期长,无霜期短,蒸发量远大于降水量,有水地区地形切割强烈,沟壑遍布,水系十分发育,但多为季节性河流,无常年流水;无水地区沙丘连绵。区内年均气温3.8℃,气候的垂直分带性明显,高山区有常年冻土,霜期从9月至翌年5月底,7—8月为雨季。

区内人口稀少,除乡镇政府驻地人口相对集中外,居民以蒙古族为主,汉族、藏族、回族次之,较集中聚居于交通沿线附近,主要从事农牧业生产和矿业开发工作,燃料较为缺乏,牛粪为基本生活燃料,经济比较落后。研究区内主要的生产生活物资需从香日德镇、都兰县采购。区内旅游资源丰富,其中高山、冰川、草原、原始杨树林令人神往。野生动物种类齐全,岩羊、黄羊、盘羊、野牦牛、野驴、棕熊、藏原羚、白唇鹿、雪鸡等珍稀动物普遍。

第三节 研究现状及存在问题

一、东昆仑成矿系列与成矿系统研究进展

成矿系统是当今矿床学研究的重要内容之一,对探讨区域尺度的成矿规律并指导矿产勘查工作具有重要的意义(翟裕生,1999;Deng et al.,2017)。东昆仑成矿带位于青藏高原北缘,成矿类型复杂,矿产资源丰富,是我国重要的多金属成矿带之一(李瑞保等,2012;刘颜等,2018;徐崇文等,2020)。区内主要的矿床类型包括脉状金矿床、脉状银铅锌矿床、斑岩型铜钼矿床和矽卡岩型铁多金属矿床,另含有少量钴镍多金属矿床。其中,钴镍多金属矿床形成于新元古代—泥盆纪(姚文光等,2002;丰成友等,2006;张照伟等,2015);而其他4类矿床则主要形成于早中生代(丰成友等,2010;夏锐,2017;Wang et al.,2018),与古特提斯洋的演化有关(夏锐,2017;国显正,2020),但它们之间的成因联系目前尚不清楚。这些成矿时代相近的矿床是否构成了同一个区域性岩浆-热液成矿系统,仍有待进一步的探讨。

不同学者已对东昆仑成矿带内不同类型矿床的成因开展了系列研究,但多聚焦于单个矿床(Zhang et al.,2017;Zhong et al.,2018;Guo et al.,2019;Li et al.,2021;Zhao et al.,2021)或单一类型矿床(岳维好,2013;陈广俊,2014;段宏伟,2014;许庆林,2014),提出东昆仑成矿带内的斑岩型矿床或脉状金矿床具有相似的成因,其中斑岩型矿床主要与印支期的中酸性岩浆作用有关(段宏伟,2014;许庆林,2014;Guo et al.,2019),而脉状金矿床与古特提斯洋的碰撞造山过程及岩浆作用密切相关,属于造山型金矿(丰成友,2002;夏锐,2017;Zhang et al.,2017;岳维好,2013;陈广俊,2014)。尽管斑岩型矿床与矽卡岩型矿床的成因联系已在祁漫塔格地区取得共识(徐国端,2010;赖健清等,2015;Wang et al.,2018;Gao et al.,2020),但这两类矿床与脉状金矿床、脉状银铅锌矿床的成因联系仍不清楚。

东昆仑成矿带从西向东大致可分为西段祁漫塔格地区、中段五龙沟地区和东段巴隆—沟里地区。其中，西段主要发育大量斑岩-矽卡岩型矿床（赖健清等，2015；Fang et al.，2018；Wang et al.，2018；Zhong et al.，2018；Gao et al.，2020），中段以发育五龙沟金矿田为主要特征（Zhang et al.，2017；Wu et al.，2021），而东昆仑东段的矿床类型最丰富。沟里金矿田已探明的金资源量达 134 t，是东昆仑成矿带内主要的金矿集中地之一（赵旭，2020）；区内那更康切尔矿床是东昆仑地区首个超大型银多金属矿床，其银储量可达 4500 t（Chen et al.，2020；徐崇文等，2020）；近年来，前人又在东昆仑东段地区，发现了斑岩型、矽卡岩型矿床（Xia et al.，2015；国显正等，2016d；鲁海峰等，2017；朱德全等，2018）。因此，东昆仑东段为探讨这 4 类矿床的成因联系提供了理想的研究场所。笔者在总结归纳东昆仑东段主要类型矿床时空分布和地质特征的基础上，系统分析各类矿床的成矿时代、成矿构造背景及成矿流体与物质来源，进而探讨它们之间的成因联系，建立成矿系统模式，为东昆仑东段的地质找矿工作提供参考。

二、成矿预测与勘查技术方法应用现状

成矿预测是在系统科学预测理论的指导下，运用现代地质成矿理论和科学方法，综合研究地质、地球物理、地球化学和遥感地质等方面的地质找矿信息，剖析成矿地质条件，总结成矿规律，建立成矿模式，圈定不同级别的成矿预测区，达到提高找矿工作的科学性、有效性和提高成矿地质研究程度的综合性目的。成矿预测的前提是选用合理的勘查技术手段获取有效的找矿信息。

随着勘查方法和技术手段的不断发展与革新，越来越多的地球物理勘探、遥感勘查新方法不断应用到隐伏矿床、覆盖区和高寒山区的找矿工作中，从传统的小比例尺地球化学勘查方法到中大比例尺的深穿透地球化学测量，从最初的大区域重磁法勘探到高精度磁测、大地电磁法、瞬变电磁法等，加之高分辨高光谱遥感地质方法的应用，勘查技术方法已多元化，并向空-地-井联合勘探方向发展。如何优选最佳勘查技术手段及开展最优方法组合，提高找矿效果和效率，降低找矿成本，显得尤为重要。笔者对不同勘查方法的优势进行了归纳总结，具体介绍如下。

地球化学测量是隐伏矿、半隐伏矿、难识别矿找矿获取找矿信息的重要手段，是传统宏观矿化露头向微观找矿的延续（陈绍强等，2019），是研究成矿期流体物质场的重要手段（魏俊浩，2020）。采样介质通常可分为基岩、土壤、水系沉积物等几类。以基岩为采样对象所得到的地球化学信息直接可靠，异常在测区内均无空间位移，可以排除表生作用因素得到更可靠的信息。以土壤为采样介质得到的地球化学信息可以有效识别隐伏含矿信息，不受基岩出露情况限制，常被应用于覆盖区找矿中。以水系沉积物为采样介质可以根据少数采样点上的资料了解广大汇水面积内的矿化及其他情况，因此该采样方法是小比例尺、大面积区域成矿预测采样的一种效率高且效果好的方法。通常 1∶5 万水系沉积物测量的开展能够有效反映区域性地球化学异常特征，而 1∶2.5 万水系沉积物测量则可以进一步浓缩、分解、缩小范围明确查证目标，补充中小比例尺工作测量空白（王晓云等，2017）。基于地球化学测量

的化探异常识别与评价是成矿预测的重要环节,如何从数据中有效提取隐藏的找矿异常信息直接关系到找矿工作的成败(石文杰等,2019)。国内外常用的化探数据处理方法主要包括传统计算法、累计频率法、地质子区法、趋势面法、子区中位数衬值滤波法(赵宁博等,2012;Cao and Lu,2015;石文杰等,2019;王治华等,2019),上述方法大多使用连续地球化学制图法,使用等值线图展示空间上元素的连续变化和分布模式。在实际矿产资源勘查工作过程中,采取多种地球化学数据处理方法来进行综合分析、对比、讨论,以选择合适的数据处理方法来圈定矿体异常。

地球物理方法作为探测地球深部目标地质体空间关系的有效手段,在研究地质构造和深部地质填图等方面发挥了重要作用,在勘查实践中取得了良好的找矿效果。不同的地球物理方法在勘查应用领域有着不同的侧重点。磁法勘探精度高,径向探测范围大,分辨率高,具有良好的空间定位能力,适用于具有磁测前提的矿床、地层、构造等,特别是在磁铁矿及与磁铁矿伴生的其他金属矿的勘查中发挥着重要作用(阎昆等,2014)。现阶段,高精度的磁法勘探技术已逐渐成熟,普遍勘探深度可达到 500 m 左右,在弱磁性目标体的勘查或隐伏磁性体在地表产生的弱磁异常研究方面取得了很好的效果(朱卫平等,2017)。电磁法是地球物理方法的重要分支,如大地电磁法、激发极化法等,通常与其他方法联合应用确定隐伏地质体情况。大地电磁法具有探测深度大、频率低、波长长、成本低等优点,主要应用于区域性的大地构造勘探,在深部隐伏矿勘探中具有不可替代的优势(叶益信等,2011)。激发极化法工作效率高,扫面速度快,主要应用于与含硫化物矿床有关的矿床勘查实践中(朱卫平等,2017)。勘查目标不同,勘查阶段不同,所采用的地球物理勘探方法均有所差异,合理有效选用以及优选方法组合进行勘查找矿,可以更好地达到预期的勘查效果。

遥感技术作为一种重要的低成本技术,广泛应用在矿产勘查领域(王俊虎等,2020;张宝林等,2021;Nedjraoui et al.,2021;姚佛军等,2021;鲁泽恩等,2021;Kemgang et al.,2022;Tözün and özyavaş,2022)。在裸地或低植被覆盖地区,高空拍摄的遥感图像能够全面、真实地记录地表不同规模和时序岩石单元空间结构要素特征,在识别区域构造格架,分析不同级别、序次构造分布规律及成生组合关系方面具有明显优势,许多研究已经证明了遥感图像在揭示地质构造方面的有效性(Oyawale et al.,2020;Ahmadi et al.,2021;Jellouli et al.,2021;Shebl et al.,2021;Nedjraoui et al.,2021;Forson et al.,2021)。Landsat 和 ASTER 卫星数据是地质找矿中应用最广泛的中分辨率数据,适合区域性遥感勘查。QuickBird、WorldView 及 GF-2 等高分辨率卫星数据,适合大比例尺地质对象的解译和信息提取。综合使用中高分辨率遥感数据,可以最大限度地提取找矿信息,为矿产勘查提供有力支撑。

三、研究区地质矿产勘查工作程度

由于自然条件、经济发展水平等因素制约,目前东昆仑地区基础地质研究滞后。中小比例尺基础性区域地质调查工作始于 20 世纪 50—60 年代,这一阶段 1∶100 万石油路线地质调查及 1∶100 万区域地质矿产调查工作初步获得了区内地质矿产资料。20 世纪 70 年代,青海省区域地质测量队完成了 1∶20 万区域地质调查(都兰县幅),对区内地层、岩石、构造、矿产等进行了较系统的工作,发现了部分矿化点;20世纪90年代起,中国地质调查局统一部署的1:25万区域地质调查工作,进一步更新了东昆仑东段的基础地质资料,主要涉及中国地质大学(武汉)与青海省地质调查院合作完成的冬给措纳湖幅区域地质调查工作,天津地质矿产研究所与青海省地质调查院合作完成的都兰县幅区域地质调查工作。

2000年以后,多家单位先后在东昆仑东段地区开展了1:5万区域地质矿产调查、高精度磁法测量和水系沉积物测量工作,研究区涉及的25幅标准1:5万图幅均已完成,参加的单位主要有青海省地质调查院、青海省有色地质矿产勘查局、长安大学、山东省地质矿产勘查开发局第七地质大队(山东省第七地质矿产勘查院)、中国有色桂林矿产地质研究院等。各家单位基本查明了区内岩石、构造及其他地质体的基本特征,合理划分了调查区构造单元,圈定了物化探异常,取得了较为丰富的找矿信息,尤其是获得了诸多重要的金矿化信息,新发现了一批矿产地,为区内矿产勘查工作奠定了基础。

2012—2019年,以青海省有色第一、第三、第四地质勘查院(挂青海省有色地质调查院牌子)为主的多家单位在东昆仑东段地区先后开展了11个1:2.5万地球化学测量项目,取得了丰硕的找矿成果,如青海省有色第三地质勘查院(1993年更名为青海省有色地质矿产勘查局八队)通过查证1:2.5万水系沉积物测量圈定的异常,在色日地区发现了色日Au I、Au II含矿带,在托克妥—清水泉地区发现了莫哈尔金多金属矿、峨瓦特铜矿点、温克吐木镍矿点等。1:2.5万水系沉积物测量项目的相继开展为今后区内的矿产预测、靶区优选、异常查证工作提供了重要的地球化学基础资料。

矿产勘查工作方面,自20世纪90年代以来各地勘单位在区内开展了以金为主的矿产勘查工作,相继发现了果洛龙洼金矿、按纳格金矿、阿斯哈金矿、瓦勒尕金矿、巴隆金矿、达理吉格塘金矿、色日金矿、达热尔金矿等一系列以金为主的矿床(点)。2010年以后区内在寻找银矿、多金属矿方面取得了新的进展,相继发现了坑得弄舍金多金属矿、那更康切尔沟银矿、各玛龙地区银铅锌矿、浪木日铜镍矿、龙什更铜钴矿。此外,区内还发现了大量的斑岩-矽卡岩型铁铜钨矿化,为新类型新矿种找矿提供了信息。通过近年的工作,研究区内矿床数量进一步增加、已知矿床规模进一步扩大,为总结和研究区域成矿规律奠定了基础。

四、存在的主要问题

研究区已开展1:5万基础地质、水系沉积物测量、地面高精度磁法测量工作,积累了大量宝贵的资料和丰富的找矿线索。各勘查单位联合高校或科研院所也在区内开展了地质科研工作,针对区内基础地质和矿床成因研究提供了一些重要认识,但也存在以下需要解决和重视的问题。

(1)地质矿产资料分散且地质认识不够深入。研究区积累了丰富的基础地质、矿产勘查、物探、化探、遥感资料,然而由于以往工作完成时间跨度大,所涉及的项目和参加的单位众多,致使资料综合利用难度大,相关认识存在局限性与滞后性,尤其是在找矿选区方面缺乏系统性,严重制约了区内综合研究的开展与成矿规律的总结。因此应系统收集研究区内的地质、矿产、物探、化探、遥感资料,通过资料二次开发提取有效成矿信息,梳理研究区不同地质体之间的时空关系,确定不同地质体之间对成矿的控制作用,系统总结区域成矿规律,把握成矿与控矿的关键因素,进行综合信息集成与成矿预测,使研究区内获得新的找矿突破。

(2)对地球化学资料缺乏综合开发利用与精细化研究。长期以来化探作为研究区内找矿工作的主要手段发挥了非常重要的作用。截至2020年底,研究区内1:5万地球化学测量已完全覆盖,1:2.5万地球化学测量覆盖率已超过50%。但由于是多家单位多片区完成的,范围较局限,不能客观地反映整个区域的地球化学特征,对所获成果的综合利用、找矿信息的提取、成矿预测及综合研究等方面的应用不够充分。

(3)遥感技术找矿方面极为薄弱,尚无大面积基于多源遥感卫星数据的线性构造识别及找矿应用方面的研究。由于以往工作区分布零散,遥感数据分辨率精度不高,解译标准不一致,致使该地区遥感解译总体效果不理想,尤其是在利用遥感应用找矿方面十分薄弱。另外,区内断裂构造控矿规律明显,但是目前尚无高精度遥感线性构造识别方面的研究,制约了区内构造控矿规律研究和勘查选区。因此,对研究区进行大比例尺针对成矿/控矿构造的多源卫星遥感数据调查及研究工作,对深入分析该地区构造控矿规律、开展进一步找矿预测具有重要现实意义。

(4)以往找矿工作多以单一矿种为主,成矿系列研究薄弱。长期以来研究区内勘查工作多以单一矿种为主,忽视了矿种之间的内在联系。近年来,区内脉型银铅锌多金属矿找矿取得了较大进展,如坑得弄舍金多金属矿、那更康切尔银矿、哈日扎银金多金属矿等。此外,矽卡岩型铁铜钨以及斑岩型矿化线索均有发现,但目前针对除脉型金银以外的矿种研究较少,制约了区内预测和找矿工作,急需对研究区内中生代成矿构造背景及主要金属矿床成矿系列进行系统总结,对典型矿床类型及成因进行分析,以期为研究区找矿工作提供理论依据。

(5)缺乏系统成矿规律总结工作,开展预测要素的提取及预测模型的构建有助于区域实现找矿突破。区内已有大量成矿事实且发现矿床(点),以往工作多从物探、化探异常评价入手,对成矿地质条件、控矿因素、找矿标志等方面研究分析程度较低,找矿信息挖掘程度不足,限制了对区内成矿规律的认识,从而制约了勘查选区及找矿工作部署,急需系统开展成矿规律总结工作,提取有效找矿信息,构建综合信息找矿模型,指导研究区勘查找矿及靶区优选工作。

第二章 研究区地质矿产特征

第一节 大地构造背景

东昆仑东段位于柴达木盆地和巴颜喀拉地体之间,东部与秦岭造山带相邻(Xia et al., 2015;图 2-1a)。近东西向展布的昆中深大断裂贯穿全区,将整个东昆仑造山带划分为昆北和昆南两个地体(图 2-1b)。东昆仑造山带呈近东西向展布于东昆仑北坡—鄂拉山一带,北部以昆北断裂为界与柴达木地块分开,南部以昆中断裂为界与康西瓦-修沟-磨子潭地壳对接带相邻,该造山带主要经历了加里东—印支期复杂的演化过程。

第二节 地 层

一、常规地层

按《中国区域地质志·青海志》,笔者将研究区地层进行重新梳理。地层出露由老至新依次为:古元古界金水口岩群($Pt_1J.$)；中元古界小庙岩组(Pt_2^1x)、温泉沟组(Pt_2^2w)、青办食宿站组(Pt_2^2qb)、狼牙山组(Pt_{2-3}^2l)；下古生界奥陶系祁漫塔格群($OQ.$),中上泥盆统牦牛山组($D_{2-3}m$);下石炭统哈拉郭勒组(C_1hl)、大干沟组(C_1d)、上石炭统缔敖苏组(C_2d)、上石炭统—下二叠统浩特洛洼组($C_2—P_1h$)、上二叠统格曲组(P_3g);中生界下三叠统洪水川组(T_1h)、闹仓坚沟组($T_{1-2}n$)、中三叠统希里可特组(T_2x)、上三叠统鄂拉山组(T_3e)、八宝山组(T_3bb)、中下侏罗统羊曲组($J_{1-2}yq$);新生界古近系沱沱河组($E_{1-2}t$)、中新统咸水河组(N_1x)、上新统临夏组(N_2l),第四系(Q)(表 2-1,图 2-2)。

第二章 研究区地质矿产特征

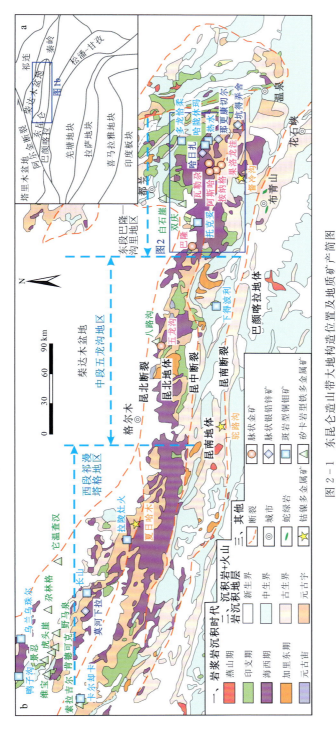

图 2-1 东昆仑造山带大地构造位置及地质矿产简图
(据 Xia et al., 2015; 徐崇文等, 2020 修改)

表 2-1 研究区地层简表

年代地层单位			岩石地层单位			
界	系	统	群	组		代号
新生界	第四系	全新统				Q
		更新统				
	新近系	上新统		临夏组		$N_2 l$
		中新统		咸水河组		$N_1 x$
	古近系	渐新统				
		始新统		沱沱河组		$E_{1-2} t$
		古新统				
中生界	白垩系					
	侏罗系	上侏罗统				
		中侏罗统		羊曲组		$J_{1-2} yq$
		下侏罗统				
	三叠系	上三叠统		鄂拉山组	八宝山组	$T_3 bb$
						$T_3 e$
		中三叠统		希里可特组		$T_2 x$
		下三叠统		闹仓坚沟组		$T_{1-2} n$
				洪水川组		$T_1 h$
上古生界	二叠系	上二叠统		格曲组		$P_3 g$
		中二叠统				
		下二叠统		缔敖苏组	浩特洛洼组	$C_2—P_1 h$
	石炭系	上石炭统				$C_2 d$
		下石炭统		哈拉郭勒组		$C_1 hl$
				大干沟组		$C_1 d$
	泥盆系			牦牛山组		$D_{2-3} m$
下古生界	志留系					
	奥陶系		祁漫塔格群			$OQ.$
	寒武系					
新元古界	震旦系					
	南华系					
	青白口系					
中元古界	待建系				狼牙山组	$Pt_{2-3}^2 l$
	蓟县系		万保沟群	青办食宿站组		$Pt_2^2 qb$
				温泉沟组		$Pt_2^2 w$
	长城系			小庙岩组		$Pt_2^1 x$
古元古界			金水口岩群	片岩岩组		$Pt_1 J.$
				大理岩岩组		
				片麻岩岩组		

〜〜〜 侵入接触   ─── 整合接触   ═══ 断层接触
〜〜〜 角度不整合接触   ---- 平行不整合接触 ||| 地层缺失

第二章　研究区地质矿产特征

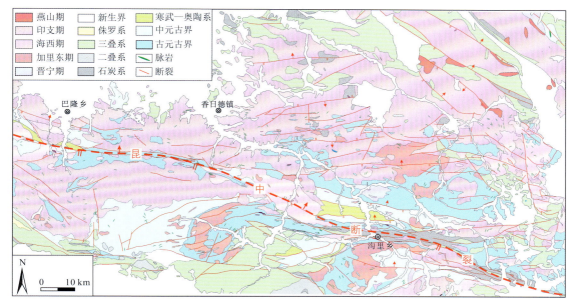

图 2-2　东昆仑东段综合地质简图

1. 元古宇

古元古界金水口岩群($Pt_1J.$)：研究区金水口岩群分布较为广泛，该岩群总体呈北西西向、东西向分布，部分以包裹体形式孤立出现在中酸性侵入岩中。该岩群以角闪岩相高级变质岩为主，是研究区结晶基底的重要组成部分。岩群主要岩性包括片麻岩、片岩和斜长角闪岩，局部可见变粒岩和大理岩，总体上该岩群可以划分为 3 个岩石组合，即片麻岩组合、角闪岩组合和片岩组合。

其中片麻岩组合主要包括黑云斜长片麻岩、角闪片麻岩、混合岩化片麻岩，岩石中局部可见变质基性脉岩透镜体；角闪岩组合主要包括黑云斜长角闪岩，以似层状、透镜体状产出，岩石中可见石榴子石；片岩组合主要包括斜长阳起石片岩、斜长角闪片岩、白云母石英片岩、黑云母石英片岩、角闪片岩。各岩性组合界线并非截然，往往是某一区域以一种岩性组合为主，同时夹有少量其他的岩性组合。金水口岩群与下伏灰色花岗闪长岩呈侵入接触关系，与上覆的小庙岩组呈断层接触关系。

中元古界小庙岩组(Pt_2^1x)：小庙岩组主要出露于昆北地体和昆中混杂岩带中，呈近东西向或北西西向展布，构造改造作用强烈，发育多期变形面理，原生面理不可辨认，属于局部有序而整体无序的构造-岩石地层，原岩可能为碎屑岩-碳酸盐岩夹少量火山岩的火山-正常沉积建造。研究区内该岩组可以分为 3 个岩性组合，自下而上为片麻岩岩段、大理岩-斜长角闪岩-片麻岩岩段和大理岩岩段。其中下部片麻岩岩段局部可见条带状混合岩化脉体，表明受到深熔事件影响；中部岩段以石榴子石云母绿帘斜长片麻岩夹薄—中层条带状石榴子石斜长角闪岩为特征，局部含有数量不等的方解石，岩石整体上受到多期叠加褶皱的改造；上部主要为中厚层大理岩,沉积厚度约 3120 m。

温泉沟组(Pt_2^2w):在昆北和昆南地体中均有分布,主要由玄武质火山岩组成,岩性为灰绿色变质玄武岩、变质玄武岩夹安山岩、变质凝灰岩,以及局部的板岩、砂岩夹层等,表现为多个喷发韵律旋回,火山岩岩石地球化学特征显示为拉斑系列,少量亚碱系列,具洋岛型特征。所含硅质岩说明火山岩形成于深水环境。该组与上覆青办食宿站组局部为整合接触关系。

青办食宿站组(Pt_2^2qb):青办食宿站组的分布范围与温泉沟组大致相同,多呈断块产出,局部整合覆于温泉沟组之上。该组地层由碳酸盐岩组成。岩性为结晶灰岩和白云岩,或二者的过渡类型。白云岩为灰色条带状粉晶白云岩、微晶硅化白云岩、细晶粒屑藻屑白云岩夹微晶细晶灰岩及石英岩;灰岩为灰—灰白色结晶灰岩、深灰色微晶粉晶灰岩、白云石化灰岩、砾状灰岩、亮晶团块状灰岩、硅质条带灰岩夹白云岩及变质砂岩。灰岩多出现在青办食宿站组的下部,白云岩位于该组上部。青办食宿站组岩性以白云岩为主,具条带状层理、纹层状层理的特点,反映沉积环境海水较浅,为封闭或半封闭环境,气候干燥,属静水低能碳酸盐岩台地沉积环境。

狼牙山组(Pt_{2-3}^2l):少量出露于研究区西南部,与下伏小庙岩组呈角度不整合接触关系,岩性为灰—深灰色中薄—中厚层状白云质灰岩,含叠层石灰岩或含叠层石白云质灰岩、硅质白云岩、条带状(白云质)灰岩互层夹变质砂岩、粉砂岩、粉砂质板岩以及硅质岩等。

2. 古生界

奥陶系祁漫塔格群($OQ.$):出露于研究区西北部,零星分布。岩性主要为灰色条带状石英大理岩、透闪石大理岩、硅质结晶灰岩、含白云石粉晶灰岩、绿泥石化白云岩夹粉砂岩。该岩群形成于滨浅海碳酸盐岩台地环境,属布伦台弧背盆地边缘带。

中—上泥盆统牦牛山组($D_{2-3}m$):少量出露于研究区东南部,下部为灰紫—灰黄色石英砾岩、复成分砾岩与含砾粗—中细粒石英砂岩、复成分砂岩互层,上部为安山岩、流纹岩、流纹质晶屑凝灰岩等。

下石炭统哈拉郭勒组(C_1hl):主要分布在都兰县多嗯、合支龙—多尔角以及吾勒哈地区,为一套变质砂岩与板岩互层的沉积建造,沉积厚度大于 650 m,岩石组合为灰绿—黄灰色弱片理化的变杂砂岩与粉砂质板岩、泥质板岩、黑色碳泥质板岩互层,夹硅质岩、硅质泥岩和碳酸盐岩、泥晶灰岩、灰黑色玄武岩。与上覆浩特洛洼组呈平行不整合接触关系。

下石炭统大干沟组(C_1d):仅在扎龙西地区零星分布,呈北西—南东向长条带状展布,被断裂错开,受后期侵入岩的侵蚀肢解。岩性为长石岩屑砂岩、钙质黏土岩、长石岩屑杂砂岩、钙质岩屑长石砂岩、钙质粉砂岩、泥质粉砂岩,该组总体为一套碎屑岩。

上石炭统缔敖苏组(C_2d):出露在都兰县枪口西侧、隆统东侧以及落山一带。与上三叠统鄂拉山组火山岩呈角度不整合接触关系,局部呈断层接触关系。岩性以灰白色大理岩为主,见钙硅角岩。原岩为较纯的石灰岩,可变质成大理岩、钙硅角岩等,具浅海陆棚相或次深海盆地相沉积环境特征。另外在枪口西侧、隆统东侧路线地质调查中见有大理岩夹含黑云母红柱石角岩、石英斜长石透辉石角岩夹大理岩。

上石炭统—下二叠统浩特洛洼组($C_2—P_1h$):主要分布在都兰县哈热尔达洼北、园以西、合支龙南一带，呈北西-南东向展布，为一套形成于弧间盆地的滨海、浅海相的杂砂岩、板岩夹灰岩、火山岩沉积建造，主要岩性为灰绿色杂砂岩、粉砂质板岩、泥质板岩夹复成分砾岩和灰—灰黑色厚层状生物碎屑灰岩、灰白色厚层状结晶灰岩，沉积厚度大于 840 m，与下伏哈拉郭勒组呈平行不整合接触关系。该组地层是区内重要的金、铁、铅、锌赋矿层位。

上二叠统格曲组（P_3g）：主要分布在都兰县可歇特一带，出露面积较小，与上覆洪水川组呈角度不整合接触关系。下部以碎屑岩为主，岩性为含砾砂岩、砂岩夹板岩及薄层灰岩；上部主要为碳酸盐岩，即生物灰岩，沉积厚度约 300 m。

3. 中生界

下三叠统洪水川组（T_1h）：主要出露于可可沙一带，与下伏古元古界金水口岩群、上二叠统格曲组呈角度不整合接触关系；与上覆中—下三叠统闹仓坚沟组呈整合接触关系，多数地带被第四系覆盖。洪水川组岩性特征：下部为灰紫—紫红色粗碎屑砾岩、含砾不等粒石英砂岩、石英长石砂岩、杂砂质长石砂岩、粉砂岩；上部为灰绿—灰黄色细砂岩、粉砂岩、杂砂质长石砂岩夹中酸性角砾熔岩、安山岩、英安岩、凝灰岩。下部的火山岩和粗碎屑岩属于陆相火山-沉积建造，由下至上沉积环境由陆相沉积变为湖相、海相沉积。

中—下三叠统闹仓坚沟组（$T_{1-2}n$）：出露于科科可特地区，与上覆中三叠统希里可特组呈微角度不整合接触关系。该组可分为上、下两段：下段为深灰色薄—中薄层灰岩、粉砂岩夹细粒长石石英砂岩、细粒岩屑石英砂岩、粉砂质泥岩、钙质粉砂岩；上段由灰色层状灰岩、角砾状灰岩，局部夹钙质粉砂岩、细砂岩，灰色中厚—中薄层岩屑石英砂岩、细粒石英砂岩、石英粉砂岩，局部夹含砾岩石英砂岩及流纹岩组成。

中三叠统希里可特组（T_2x）：主要分布于红水川北地区，与下伏闹仓坚沟组呈微角度不整合接触关系，与上覆八宝山组呈角度不整合接触关系。岩性可分上、下两段：下段为灰绿—紫红色厚层状复成分砾岩、含砾中粗粒岩屑石英砂岩夹紫红色泥岩、粉砂质泥岩；上段以灰色中厚—中薄层岩屑石英砂岩、细粒石英砂岩、石英粉砂岩为主，局部夹含砾岩、石英砂岩及流纹岩，产菊石、双壳类化石。在上段钙质砂岩中含有菊石、双壳类等化石，主体应为海相沉积地层，是东昆仑南缘由海相沉积盆地向陆相沉积盆地过渡的关键层位。

上三叠统鄂拉山组（T_3e）：主要分布在研究区东北部，浪麦滩沟、枪口西部、察汗乌苏河北部以及破屋北—那日马拉黑—纳让—老玛日岗一带，受后期侵入体侵蚀，该组地层肢解零碎。总体以北西-南东向展布，与区域构造线基本一致。鄂拉山组主要为陆相酸性火山碎屑岩建造和少量正常沉积建造，下部岩性主要为一套浅变质正常沉积砂岩类、粉砂岩类和灰岩类碎屑建造，夹少量火山岩；中部以一套陆相喷溢-灰流相为主的安山质含火山角砾凝灰岩、火山熔岩建造；上部岩性以陆相喷发的酸性火山岩建造为主。

上三叠统八宝山组（T_3bb）：仅在研究区阿拉克湖北部地区分布，岩性为含砾粗粒岩屑长石石英砂岩夹灰绿—灰红色复成分砾岩及细粒长石石英砂岩、薄层状泥质粉砂岩，砾岩中砾石成分主要为砂岩、花岗岩及石英，与上覆羊曲组之间呈平行不整合接触关系。八宝山组中段主体为一套细碎屑岩，呈薄层状，沉积构造以发育槽状交错层理、板状斜层理、透镜状层理和水平层理为特点，属湖泊沉积体系。

中—下侏罗统羊曲组（$J_{1-2}yq$）：分布在阿拉克湖东北部地区，平行不整合于上三叠统八宝山组之上。岩性为复成分砂砾岩、砾岩、石英细砂岩与钙质、泥质粉砂岩互层。羊曲组主体亦为一套陆相碎屑岩沉积，色调为灰绿色和黄绿色，含有较多的植物化石碎片和薄的煤线，沉积构造以发育槽状交错层理、板状斜层理、透镜状层理和水平层理为特点，砾岩层底部常见河流冲刷构造。根据岩石组合、沉积层序、沉积结构构造和化石特征，该组可分为陆相辫状河流沉积体系和湖泊沉积体系。

4. 新生界

古近系沱沱河组（$E_{1-2}t$）：分布于布青山地区南部，与下伏古元古界金水口岩群为断层接触关系，与中生界中—下三叠统闹仓坚沟组呈平行不整合接触关系。岩性为暗红色复成分砾岩、暗红色含（细）砾中粗粒岩屑石英砂岩、粉砂岩，砾石成分主要为灰岩、砂岩和石英等。

沱沱河组总体表现为湖三角洲相沉积，下部粗碎屑岩代表了河流入湖快速堆积的扇三角洲沉积环境，向上细碎屑岩及泥岩段的出现则表明沉积环境逐渐向三角洲平原—三角洲前缘—浅湖环境演变，强氧化色则反映了干旱气候环境，区域上该岩段内发育菱铁矿，说明古近纪时期有一段时间内古气候处于低温多雨的还原环境。下岩段大套复成分砾岩的出现及砾岩的就近物源特征，则间接说明在沉积初始阶段，构造作用曾对沉积盆地的形成起决定性的作用。该组产轮藻、介形虫、孢粉等化石。据此，沱沱河组的时代可以确定为古近纪。

中新统咸水河组（N_1x）：少量出露于研究区东北部，岩性为一套河湖相沉积的砂砾岩，岩石组合为紫红—灰紫色厚—巨厚层状砾岩夹含砾粗砂岩。

上新统临夏组（N_2l）：零星分布于研究区东北部，岩性以砂砾岩、粉砂岩和泥岩为主，反映了沉积环境为咸水滨湖相—半咸水或淡水滨湖相沉积。

第四系（Q）：主要分布在断陷谷地以及各大水系沟谷中，分布不连续，厚度较薄。沉积物成分复杂，以砂、砾碎屑岩沉积物为主。更新统（Qp）冲洪积物主要为砾石、卵石，局部夹粉砂层；全新统（Qh）为湖沼沉积，冲积物主要为细砂、粉砂、砾石及黑色腐泥。

二、非常规地层单位

研究区内蛇绿混杂岩共计两条，分别为寒武纪—奥陶纪纳赤台蛇绿混杂岩（$Є—On$）与石炭纪—中二叠世马尔争蛇绿混杂岩（$C—P_2m$），现分述如下：

寒武纪—奥陶纪纳赤台蛇绿混杂岩（$Є—On$），在区域内主要发育基性火山岩组合（$Є—Onβ$）。该组合是纳赤台蛇绿混杂岩中较发育的建造组合之一，主要分布于东昆仑南部地层分区中，岩石组合主要为块状玄武岩、杏仁状玄武岩，地层厚度大于2000 m。玄武岩中有结晶灰岩、大理岩和砂岩夹层或透镜体。局部地区基性火山岩变质为绿泥片岩、绿帘绿泥片岩、绿泥阳起片岩。该混杂岩属半深海裂隙式喷发，为洋中脊玄武岩系列。

石炭纪—中二叠世马尔争蛇绿混杂岩（$C—P_2m$），主要发育碎屑岩组合（$C—P_2md$），分布在研究区西南部，呈北西西向展布。岩石组合是由砂岩、粉砂岩及板岩、千枚岩组成的复理石建造。岩性主要为中细粒长石岩屑砂岩、岩屑长石砂岩、岩屑杂砂岩、泥钙质粉砂岩、粉砂质板岩、泥质板岩、绢云千枚岩、千枚状板岩，夹少量生物碎屑灰岩、粉晶灰岩、复成分细砾岩、含砾砂岩、玄武岩、硅质岩。各类岩性不均互层，组成递变层理，普遍具平行层理、水平层理、粒序层理、波状层理,见有鲍马序列。岩石组合特征说明该碎屑岩组合沉积时物源区稳定,物源供应充足,分选性差,成熟度低,属半深海大陆斜坡相沉积,古地理环境为俯冲增生杂岩楔。普遍经受区域低温动力变质作用,该岩相变为低绿片岩相,部分细碎屑岩变为板岩、千枚岩。

第三节 构 造

研究区内构造以断裂和岩片内无根褶皱为主,且褶皱多被断裂破坏。区内断裂构造发育,以压性或压扭性断裂为主,构成主干构造,走向为北西—近东西向。此外该构造内还发育众多的次级张性和扭性断裂,多为北西向、北西西向和北东向,具多期活动的特点。

一、断裂构造

研究区的主要断裂为近东西—北西向展布的昆北断裂、昆中断裂以及昆南断裂,上述断裂构造控制了研究区内的地层、岩浆岩与矿点的分布,其余断裂根据展布方向可分为东西(或近东西)向、北东向、北西向。

1. 昆北断裂

昆北断裂为祁漫塔格-都兰新元古代—早古生代缝合带的主边界断裂,是分隔东昆北和东昆中构造带的一条区域性东西向断裂,西段起始于青新边境,向东经乌图美仁、格尔木、诺木洪、香日德山前地带,断裂大部分由于第四系覆盖而呈隐伏状态,其中间地段的连线主要由区域物探资料推断。走向近东西,青海省内断续长约630 km,主断面倾向多变,倾角40°~70°不等,东、西两段布格重力值线密集,具有清晰的梯度带特征,反映断裂标志特征。断带内断层残山发育,河流沿断带转弯,断带内糜棱岩、碎裂岩、断层角砾岩均发育。该断裂在加里东期就已开始活动,控制了奥陶纪裂陷槽的发生与发展,之后又经历了多期活动,在燕山期—喜马拉雅期,制约着柴达木中新生代坳陷的形成与发展,并显示一定的左行走滑特征。

2. 昆中断裂及其北西向次级断裂

昆中断裂带展布于研究区的中部,西起自图区外,从益克郭勒恩木北侧进入研究区,往东延伸经过乌妥沟、乌丝特北后被岩体侵蚀,于前各纳各热尔沟西再次出露,延至坑得弄舍一带。断裂带东西(或近东西)走向,向南倾斜,倾角60°~70°。在西段的乌妥沟一带,断层北盘为花岗闪长岩,南盘为绿泥绿帘石英片岩、变粒岩。二者之间发育20~100 m的断裂破碎带,带内岩石强烈片理化、构造透镜体化,并发育牵引构造,显示出断裂带具南盘向北盘逆冲的性质;在中段塔妥煤矿北的前各纳各热尔地区,断裂带的北(或北北东)盘为中元古界小庙岩组,岩性为含石榴子石的片麻岩、云母片岩、斜长角闪岩夹大理岩,南盘为新元古界—下古生界变火山岩系,基性—中酸性变质岩岩片;断裂东段南盘为花岗闪长岩,北盘为中元古界小庙岩组,以断裂破碎带的形式出现,往东延伸至那更西侧。

香日德-德龙断裂是由昆中断裂晚印支期—早燕山期的走滑活动形成的次级断裂,走向为北西向,断裂延伸30 km左右,在三岔口、按纳格北东侧及果洛龙洼西南德龙等地段均发现典型的断层三角面。香日德-德龙断裂进一步派生出容矿构造,该断裂周围分布有阿斯哈金矿床、果洛龙洼金矿床、园以金矿床等矿床,沿着香日德-德龙断裂带具有良好的金多金属找矿潜力。

坑得弄舍-哈日扎断裂,被第四系覆盖得较为严重,主要分布于该区域的中西部,以压扭性为主,基本控制了鄂拉山组陆相火山岩产出分布,其构造性质为逆断层。沿该断裂发育一系列银多金属矿床(点),由南至北依次为坑得弄舍多金属矿点、各玛龙银多金属矿点、那更康切尔银矿床、哈日扎银多金属矿床。

3. 昆南断裂

昆南断裂带经过研究区南部,区域上该断裂走向规模较昆中断裂更大,其西起布喀达坂峰,途经东大滩、布青山,一直向东延伸至德尔尼地区,是分割昆南地体和阿尼玛卿地体的重要断裂。该断裂空间位置与布格重力和航磁梯度带重合,表明该断裂也是一条深大断裂。从断裂带中蛇绿岩的形成时代来看,该断裂应该在早古生代,甚至前寒武纪便已开始运动,控制了区内变质沉积和岩浆活动。晚古生代,该断裂再次活化,断裂带中沉积了布青山群(研究区为马尔争组)碎屑岩、火山岩和碳酸盐岩。此后海西期—印支期沿该断裂带发生了俯冲-碰撞造山运动。

4. 其他断裂

近东西向断裂:研究区内发育近东西向断裂,主要分布在昆中断裂两侧的地层中,具多期活动特征,均为压性或压扭性,倾向北,倾角50°~80°,大致呈平行排列。断裂带沿走向宽窄不一,带内见有断层角砾岩、断层泥,发育硅化、黄铁矿化,断裂带局部见有脉岩侵入。研究区中部果洛龙洼地区纳赤台蛇绿混杂岩中的近东西向构造为重要的金多金属控矿构造。

北西向及北东向断裂:北西向断裂与北东向断裂复合产出,将岩体肢解成大大小小的块体,这一组断裂主要分布在研究区北部的阿斯哈—瓦勒尕一带以及洪水川地区。其中以北西向断裂为主,该断裂主要分布于研究区的中南部,以压扭性为主,发育于温泉沟组、青办食宿站组和马尔争蛇绿混杂岩中,延伸长短不一,断裂破碎带及破碎带两侧的次级裂隙中有后期花岗岩脉、闪长岩脉侵入。北东向断裂分布于花岗闪长岩及花岗岩岩体的东、西两侧,倾角在65°左右,该组断裂的形成与花岗岩、花岗闪长岩岩体有着密切的成生联系。

北北东向断裂:主要分布在研究区的中部和西南部,延伸一般较短,发育于小庙岩组和奥陶纪、三叠纪岩浆岩中,切割北西西—近东西向断裂。在色日、瓦勒尕、达热尔地区,该断裂为主要的控矿断裂,均发育在花岗闪长岩、斜长花岗岩岩体内,宽度几米至几十米,构造蚀变带中岩性以构造角砾岩、碎粒岩、碎粉岩、蚀变岩、构造碎裂岩为主,上述矿区内发现的含金构造蚀变带均呈北北东向。

二、褶皱

1. 古元宙褶皱

金水口岩群中常常可见到韧性变形褶皱,此类褶皱规模较小,主要表现在露头上,发育于韧性剪切带内部,褶皱翼端往往被韧性剪切带所截切,形态十分复杂,面理置换强烈。另一类褶皱变形主要以大量发育透入性片理、片麻理和糜棱面理为特点,原始层理已被片理、片麻理和糜棱面理完全置换,属层状无序地层类型。这类褶皱规模较大,以发育背斜、向斜为特点。

2. 古生代褶皱

古生代地层中常可见到韧性变形褶皱,主要表现在露头上,发育于韧性剪切带内部。该类褶皱形态主要为剪切褶皱和脉褶皱。

3. 中生代褶皱

区内中生代地层褶皱不发育,多属基底褶皱,后又经历逆冲逆掩造山阶段。

4. 新生代褶皱

区内新生代地层中褶皱不发育,以短轴向斜褶皱为主,枢纽走向与区域构造线基本一致,反映了本次褶皱与单元内北西向脆性断裂为同一构造期内不同的构造样式,二者属于同一构造组合。

第四节　岩浆岩

东昆仑东段不同时代不同期次岩浆活动强烈,广泛发育各类火山岩和侵入岩,以中酸性岩浆岩为主,遍布全区。研究区内岩浆活动持续时间长,起始于元古宙,终于中生代。根据构造-岩浆活动的特点,研究区内岩浆岩活动时期大致可以划分为晋宁期、加里东期、海西期、印支期和燕山期5个阶段,其中以加里东期和印支期岩浆活动最为频繁和强烈,且分布最广,分别代表了原特提斯洋演化和古特提斯洋演化。岩浆岩种类复杂,超基性岩、基性岩、中酸性岩和酸性岩均有出露,侵入岩主要以岩基、岩株、岩脉等形式产出,岩性为奥长花岗岩、石英花岗岩、正长花岗岩、花岗闪长岩、英云闪长岩、二长花岗岩等。

一、侵入岩

1. 晋宁期侵入岩

晋宁期侵入岩分布较少且规模较小,零星分布于古元古界金水口岩群变质岩中,侵入时间较早,后期受到了强烈的构造改造与变质作用,变质变形作用严重,岩石普遍发育片麻岩。岩性以奥长花岗岩和二长花岗岩为主,分布在研究区东部。前人的研究表明,奥长花岗岩属于弱过铝质钙碱性系列,为壳源花岗岩,U-Pb年龄为703 Ma,Pb-Pb年龄为1011~913 Ma,为新元古代变质侵入岩(朱云海和张克信,2000),同时Ar-Ar同位素定年表明,该期侵入岩在389.4~386.8 Ma遭受了强烈的变质变形作用,从而形成了片麻岩。此外,有关学者通过岩石地球化学研究,发现该期侵入岩可能形成于碰撞环境,与清水泉洋俯冲作用有关(朱云海和张克信,2000;黄啸坤,2021)。

奥长花岗岩,灰白色,中粗粒鳞片粒状变晶结构,块状构造,矿物主要由斜长石、石英、黑云母、钾长石等组成;二长花岗岩,中细粒鳞片状变晶结构,片麻状构造,矿物主要为斜长石、黑云母、石英等。

2. 加里东期侵入岩

研究区内加里东期侵入岩规模较大,单个岩体规模可达 $150\ km^2$,主要分布于也日更和敖洼得地区。该期侵入岩多侵位于金水口岩群变质岩中,岩性以英云闪长岩和花岗闪长岩为主,同晋宁期侵入岩一样,后期受多期次构造改造作用,岩石结构多为片麻状构造,片麻岩发育。同时陈加杰(2018)对该期侵入岩进行年代学研究,显示锆石 U-Pb 年龄集中于454~418 Ma,且东给措那湖区域地质调查报告表明该期侵入岩的锆石 U-Pb 年龄为472~433 Ma,指示岩石侵位于奥陶纪和志留纪。此外对敖洼得侵入岩进行了详细的岩石地球化学研究,其岩石化学成分显示,属于准铝质-弱过铝质钙碱性系列,具有低镁埃达克质岩的特征,为洋壳消减时壳幔混合产物,具有造山期侵入岩的特征(郭正府等,1998;莫宣学等,2004)。

英云闪长岩,灰白色,中粗粒花岗结构,片麻状构造,矿物主要由斜长石、石英、钾长石、黑云母组成,副矿物有磷灰石、锆石。花岗闪长岩,灰白色,中—中粗粒花岗结构,弱片麻状构造,矿物主要为斜长石、石英、黑云母、钾长石等。

3. 海西期侵入岩

研究区内海西期岩浆活动十分强烈,出露面积和单个岩体规模较大,以泥盆纪和二叠纪的中酸性侵入岩为主。其中泥盆纪侵入岩主要分布于果洛龙洼—德龙地区的南部,岩性为二长花岗岩和钾长花岗岩,此外果洛龙洼—阿斯哈地区还可见泥盆纪基性脉岩(刘成东等,2004;陆露等,2010)。二叠纪中酸性侵入岩多位于香日德地区,岩性包括花岗闪长岩、闪长岩、石英闪长岩等,年龄集中于260~250 Ma,岩体侵位于晚古生代或更老的地层中,岩体之间的相互穿插较为常见(黄啸坤,2021)。

二长花岗岩,浅肉红色,中粒花岗结构,块状构造,矿物主要为斜长石、钾长石、石英和黑云母等,副矿物为锆石、磷灰石等。斜长石聚片双晶可见,有时可见斜长石环带结构,偶见韵律环带。

4. 印支期侵入岩

印支期侵入岩是研究区内分布最广的岩浆岩,主要发育在昆中断裂以北的香日德地区,零星分布在昆南地区,呈复式岩基产出。该期侵入岩岩石类型复杂,有花岗闪长岩、石英闪长岩和二长花岗岩等。岩石中包裹体极其发育,呈椭圆状,多为基性或中性。岩石地球化学研究表明,该期中酸性侵入岩为准铝质—弱过铝质钙碱性岩石,具有富集大离子亲石元素、亏损高场强元素的弧岩浆岩特征,多为壳幔相互作用的结果(刘成东等,2003,2004;熊富浩,2014)。目前区内已发现矿床(点)分布上多与印支期侵入岩体密切相关,该期岩体可能为区内的重要成矿岩体。

三叠纪花岗闪长岩主要分布在昆中断裂带附近,香日德镇以南的香加南山地区。与小庙岩组呈侵入接触关系,与其他地层呈断层接触关系,岩体内常见大量暗色微粒包体。二长花岗岩以小侵入体形式出露在香加南山花岗闪长岩边部,与花岗闪长岩岩体接触关系较复杂。石英闪长岩出露于科德日特、伊克哈尔散,呈岩株形式产出,形状不规则,局部片麻岩化,该岩体与马尔争蛇绿混杂岩呈侵入接触关系。

5. 燕山期侵入岩

研究区内燕山期侵入岩出露较少,主要分布于研究区北部,岩体规模较小,主要以小岩株形式产出,呈长条状、椭圆状以及脉状侵入古元古界金水口岩群变质岩中。该期岩石岩性较为简单,以钾长花岗岩为主,呈肉红色到浅肉红色,中—中粗粒不等粒结构,块状构造,主要矿物以钾长石、斜长石、石英为主,副矿物包括锆石和磷灰石等。

二、火山岩

研究区内火山岩分布同样广泛,大多与侵入岩时代接近,主要赋存于中元古界万保沟群、寒武纪—奥陶纪纳赤台蛇绿混杂岩、下—中泥盆统牦牛山组、下石炭统—上二叠统浩特洛洼组、下石炭统哈拉郭勒组、石炭纪—中二叠世马尔争蛇绿混杂岩、下三叠统洪水川组、上三叠统八宝山组、上三叠统鄂拉山组中,现分述如下。

元古宙火山岩主要分布于蓟县系万保沟群中,为一套喷溢相的变质基性火山熔岩,岩性为玄武岩、安山玄武岩、火山碎屑岩等,岩石普遍具绿片岩相变质和叠加糜棱岩化构造变形。岩石地球化学特征指示该套火山岩为碱性—亚碱性玄武岩,具有弧玄武岩或者洋岛玄武岩的特征(赵俊伟等,2008),锆石 U-Pb 年代学指示该套火山岩形成时间为 1348±30 Ma,结合岩性组合和地质特征,推测该期火山岩浆活动的时代为中元古代(蔡雄飞和魏启荣,2007)。学者对万保沟岩群火山岩的成岩构造环境存在两种认识:魏启荣等(2007)认为该套火山岩形成于大洋火山弧环境,而部分学者认为其形成于大洋玄武岩高原环境(姜春发等,1994;Stein et al.,2000)。

早古生代火山岩主要包含于寒武系—奥陶系纳赤台群中,在区域出露较少,岩性为变质基性火山岩,局部可见少量板岩和砂岩。岩石地球化学特征显示变质基性火山岩属亚碱性拉斑玄武岩和碱性玄武岩系列;前者具有岛弧火山岩特征,而后者具有洋岛玄武岩或富集型洋中脊玄武岩特征(陈加杰,2018)。锆石 U-Pb 年代学指示玄武岩的年龄为 474±6.9 Ma,Sm-Nd 等时线年龄为 461±19 Ma(张耀玲等,2010),推测其主要形成于晚奥陶世。

晚古生代火山岩主要赋存于牦牛山组、浩特洛洼组和哈拉郭勒组中。其中牦牛山组火山岩为一套基性—酸性陆相火山岩,岩性主要为安山岩、流纹岩、流纹质晶屑凝灰岩等,锆石 U-Pb 年代学显示该组火山岩喷出时间为 423~400 Ma(陈加杰,2018)。浩特洛洼组火山岩呈北西-南东向展布,以夹层或火山岩段的形式赋存于该组碎屑岩及碳酸盐岩中,主要由中酸性火山熔岩和火山碎屑岩组成,岩性为火山角砾岩、凝灰熔岩和凝灰岩,岩石地球化学研究表明其形成于洋陆俯冲背景下的火山弧环境,是区内重要的金、铁、铅、锌赋矿层位。哈拉郭勒组火山岩总体呈东西向分布,在昆南地区断续分布,出露面积较小,与浩特洛洼组火山岩类似,以夹层形式产出于哈拉郭勒组中—上部的碳酸盐岩和碎屑岩中,岩性以玄武岩为主,晚期有安山岩-英安岩-流纹岩-火山碎屑岩覆于其上,研究表明其形成于陆缘裂谷环境(黄啸坤,2021)。

中生代三叠纪火山岩在研究区内分布广泛,主要由洪水川组、闹仓坚沟组、八宝山组和鄂拉山组构成。洪水川组火山岩为晶岩屑熔结凝灰岩、灰绿色沉凝灰岩和石英安山岩,岩石类型单一稳定;闹仓坚沟组火山岩主要由流纹岩和凝灰岩组成;八宝山组火山岩主要岩石类型包括玄武岩、安山岩、流纹岩等;鄂拉山组火山岩主要分布于研究区的东北部,为一套陆相火山岩,岩石部分地段柱状节理发育,该组火山岩分布面积较广,爆发相和溢流相均有产出,岩性较复杂,主要包括中酸性火山碎屑岩、凝灰岩、英安岩、流纹岩等,火山岩 Rb-Sr 等时线年龄为 208±4.3 Ma 和 222.3±2.3 Ma、K-Ar 法年龄为 235～222 Ma(赵俊伟,2008),锆石 U-Pb 年龄为 214 Ma(丁烁等,2011),指示其形成于造山带演化晚期的伸展垮塌阶段,为陆壳加厚的产物,同时地球化学研究表明,鄂拉山组火山岩为陆缘弧环境下形成的高钾钙碱性系列英安岩-流纹岩组合(黄啸坤,2021)。

第五节　变质岩

一、动力变质作用

柴北缘逆冲走滑构造变质带:该变质带主要沿阿卡托山—冷湖镇—赛什腾山—锡铁山—沙柳河一带分布,北与滩间山岩浆弧毗邻,南以柴北缘-夏日哈断裂为界,空间上大体与柴北缘蛇绿混杂岩带的位置相当。除阿卡托山—冷湖镇一带呈北东东向展布外,赛什腾山—沙柳河主体段呈北西西向延伸,西端延入甘肃、新疆,东端被鄂拉山左行走滑构造变质地带复合。

卷入的地质体有古元古代和中元古代长城纪结晶基底、寒武纪—奥陶纪蛇绿混杂岩、中—晚泥盆世断陷盆地火山-沉积岩系、早古生代高压—超高压榴辉岩、中—新元古代碰撞型岩浆杂岩。构造变质带内的逆冲构造变形主要会形成一些逆冲型韧性剪切带,受剥蚀深度差异和后期构造改造影响,这些韧性剪切带往往呈断断续续分布的片段残存下来,其中以绿梁山、沙柳河地区较为典型。

鄂拉山右行走滑构造变质带:该构造变质带呈北北西向展布于奥陇—哈利哈德山—温泉一带,大体与鄂拉山岩浆弧空间位置重合。延伸长约 215 km,宽为 5 km 左右。卷入地层有古元古代结晶基底,奥陶纪陆缘弧火山-沉积岩系,早—中三叠世弧后前陆盆地火山-沉积岩系,晚三叠世断陷盆地火山-沉积岩系,古元古代—新元古代碰撞型岩浆杂岩,中奥陶世超镁铁质岩。主要岩性为糜棱岩化黑云石英片岩、糜棱岩化绢云石英片岩、糜棱岩化灰岩、糜棱岩等,岩石表现为细粒化和重结晶化,可见条纹条带结构、碎斑结构、S-C组构及不对称剪切褶皱构造等。旋转碎斑一般为长英质矿物,基质围绕碎斑形成流动状构造,石英基本为动态重结晶的产物。

变质变形期次为:泥盆纪—二叠纪韧性左行走滑构造产生;三叠纪以来以陆内脆性左行走滑为主,兼向北东逆冲;侏罗纪走滑造山带一度伸展垮塌均衡调整;中新世—第四纪在区域性北东-南西向挤压作用下形成大规模右行走滑构造变质带(位移量9~12 km),并与昆南断裂左行走滑构造形成一对共轭的剪切断裂,同时控制盆-山构造的形成与发展。

东昆中逆冲走滑构造变质带:该构造变质带呈近东西向展布于东昆仑主脊一带,西起于塔鹤托坂日南坡,向东经大干沟、伊克高勒、智玉、青根河至鄂拉山,被哇洪山-温泉断裂切割,长635 km、宽2.5~30 km不等。走向北西西—南东东,断层面总体向北倾,倾角40°~60°。主断裂分布并不连续,常被北西向、北东向断裂切割。沿断裂带岩石破碎强烈,形成宽20~300 m的剪切破碎带,局部破碎带宽达1~2 km。空间位置大致与纳赤台蛇绿混杂岩相当。基本以昆中断裂为界与昆北复合岩浆弧分开;南部边界为昆南断裂。

卷入的变质地质体有:古元古界金水口岩群和长城系小庙岩组被动陆缘相片麻岩(片岩)-斜长角闪岩-大理岩变质岩石构造组合,构造变质结晶基底;万保沟群温泉沟组变质玄武岩-变质安山岩-变质碎屑岩岩石构造组合;青办食宿站组变质白云岩-结晶灰岩-变质碎屑岩岩石构造组合;下石炭统哈拉郭勒组陆缘裂谷碎屑岩-火山岩变质岩石构造组合,上石炭统—下二叠统浩特洛哇组弧前高地碎屑岩-火山岩岩石构造组合;寒武纪—奥陶纪纳赤台蛇绿混杂岩,中奥陶世俯冲期岩浆杂岩,早泥盆世—早石炭世后碰撞-后造山岩浆杂岩及二叠纪俯冲期岩浆杂岩岩石构造组合。

构造变质带内常见碎裂岩、压碎岩、角砾岩、断层泥、糜棱岩化、初糜棱岩及糜棱岩。变质带内劈理、片理、节理均有发育,有石英脉及中酸性岩脉贯入,局部发育绿泥石化、绢云母化、钠长石化、绿帘石化等蚀变。

二、高压—超高压变质作用及高温变质作用

东昆仑高压变质带:区域上主要表现标志为榴辉岩(榴闪岩),分布于东昆仑拉陵灶火、都兰县夃日当、兴海县温泉一带,近东西向展布,呈团块状或透镜状断续出露约500 km^2。榴辉岩(榴闪岩)均出露于金水口岩群片麻岩岩组中,其展布严格受昆北断裂和昆中断裂控制。

三、热力变质作用

1. 热接触变质作用

东昆仑变质地块内侵入岩极为发育,受热接触变质作用影响,在侵入岩与围岩接触带形成角岩化、角岩类及大理岩类变质岩。

东昆北-鄂拉山变质地带：主要发育奥陶纪、志留纪、泥盆纪、二叠纪及三叠纪中—酸性侵入岩。奥陶纪—志留纪侵入岩与古元古界金水口岩群及长城系小庙岩组中—深变质岩系之间形成的接触变质带宽窄不等，接触变质作用表现为部分矿物发生重结晶，变质矿物组合代表低温接触变质作用。二叠纪侵入岩与金水口岩群、小庙岩组及奥陶系祁漫塔格群碎屑岩、火山岩及碳酸盐岩接触，形成了宽数米至数百米不等的接触变质带。三叠纪侵入岩在祁漫塔格群碎屑岩类接触带上形成宽窄不等的角岩化-角岩带，据变质矿物组合分析，为中—低温接触变质作用的产物。

万保沟-纳赤台变质地带：发育新元古代、寒武纪、奥陶纪、志留纪、泥盆纪、二叠纪等中—酸性侵入岩，分别侵入金水口岩群、万保沟群、纳赤台蛇绿混杂岩、祁漫塔格群及古生代—中生代地层中，形成了宽窄不等的接触变质带，多呈带状、半月状或透镜状，宽度一般在数米至数百米之间，极少达到千米规模。

2. 接触交代变质作用

东昆仑变质地块岩浆岩极为发育，接触交代变质岩主要发育于三叠纪侵入岩与碳酸盐岩的外接触带上，涉及金水口岩群、祁漫塔格群、滩间山蛇绿混杂岩、狼牙山组、大干沟组等。野外露头多呈扁豆状、囊状、脉状、似层状产出，宽度在 20～100 m 之间。岩石类型主要为一套钙质矽卡岩类，原岩为大理岩或结晶灰岩。

第三章 成矿系列与成矿系统

东昆仑东段的矿产资源丰富、金属矿产类型多样(图2-1),包括金、银、铜、铅、锌、钨、钼、铁等多个矿种,尤以金、银储量较大,发现果洛龙洼、阿斯哈、那更康切尔、坑得弄舍、哈日扎等多个大型脉状金、银多金属矿床(夏锐,2017;国显正,2020),已成为我国西部重要的矿产资源基地(李建亮等,2017;徐崇文等,2020)。近年来,前人又在区内发现了斑岩-矽卡岩型矿床,如热水铜钼矿床、哈陇休玛钼(钨)矿床和双庆铁多金属矿床等(Xia et al.,2015;国显正等,2016c;鲁海峰等,2017;朱德全等,2018),显示了区内较大的斑岩-矽卡岩型矿床的成矿潜力。因此,研究区内的矿床按矿种及矿床类型的不同,可划分为脉状金矿床、脉状银铅锌矿床、矽卡岩型铁铜钨多金属矿床和斑岩型铜钼矿床4个成矿系列。

第一节 岩浆-热液脉型金成矿系列

一、矿床地质特征

研究区产出果洛龙洼、阿斯哈、按纳格、瓦勒尕、巴隆、德龙等多个大中型脉状金矿床(图3-1),目前探明的金资源量已达134 t(赵旭,2020;黄啸坤,2021)。这些金矿床按赋矿围岩的不同可分为两类:一类金矿床的赋矿围岩主要为前寒武纪—早古生代变质岩,包括古元古界金水口岩群和寒武系—奥陶系纳赤台群等,以果洛龙洼、按纳格、德龙金矿床为代表(图3-1和图3-2;陶斤金,2014;陈加杰,2018);另一类金矿床赋存于加里东期—印支期中酸性岩浆岩,代表性金矿床有瓦勒尕、色日、阿斯哈、巴隆等(李碧乐等,2012;陈加杰,2018;黄啸坤,2021;图3-1和图3-3)。

除了赋矿围岩不同外,这两类脉状金矿床在控矿构造、矿化类型、围岩蚀变、矿物组合和成矿期次上也存在一定的差异。

在控矿构造上,赋存于古老变质岩中的金矿床主要受近东西向和北西向构造控制,如果洛龙洼矿区的含矿断裂主要为近东西向逆冲断裂(唐洋等,2017),按纳格矿区的含矿断裂由近东西向的逆冲断裂和北西向的扭性断裂组成(陈广俊,2014);而赋存于中酸性岩体内的金矿床主要受北西向、北东向和近南北向3组断裂控制,如阿斯哈、瓦勒尕矿区的含矿断裂为北西向、北东向扭性断裂与近南北向张性断裂的组合(赵旭,2020;黄啸坤,2021)。前人研究发现,虽然两类脉状金矿床的控矿构造有所差异,但它们形成于同一个近南北向挤压的应力

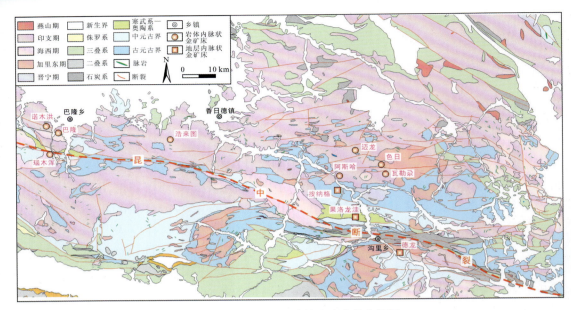

图 3-1 东昆仑东段脉状金矿床分布简图

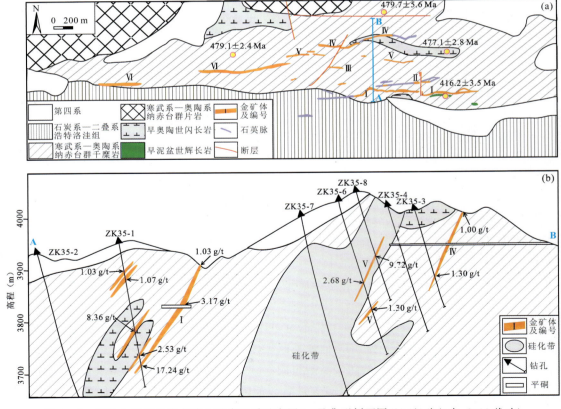

图 3-2 东昆仑东段果洛龙洼金矿床地质矿产图(a)及典型剖面图(b)(据陈加杰,2018修改)

场中,由于不同地段岩石能干性的差异,形成了不同组合形式的含矿断裂组合(付乐兵等,2015)。在含矿岩石能干性较弱的果洛龙洼地区(发育千糜岩、千枚岩),主要发育近东西向褶皱与逆冲断裂;而在阿斯哈、瓦勒尕地区,出露的含矿地质体主要为中酸性岩浆岩,围岩能干性相对较强,因此形成3组互相匹配的含矿构造,而中部按纳格矿床的含矿断裂组合形式则介于果洛龙洼与阿斯哈/瓦勒尕之间,既有北西向又有近东西向。

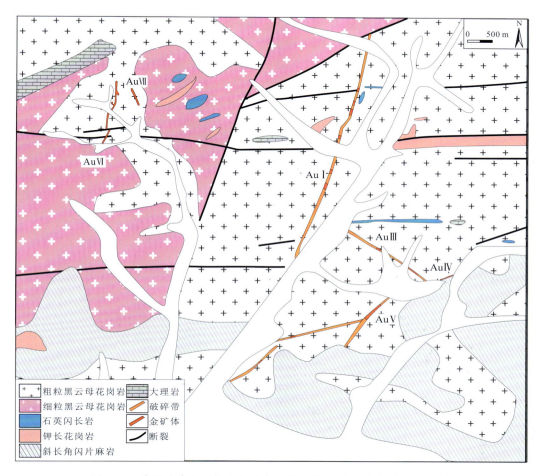

图 3-3 东昆仑东段瓦勒尕金矿床地质矿产图(据陈加杰,2018修改)

在矿化类型上,虽然两类脉状金矿床均发育石英脉型和蚀变岩型矿石(岳维好,2013;陈广俊,2014;陈加杰,2018;赵旭,2020;黄啸坤,2021),但赋存于古老变质岩中的金矿床以石英脉型为主,而赋存于中酸性岩体内的金矿床主要为蚀变岩型(岳维好,2013;陈广俊,2014;赵旭,2020)。相应地,变质岩中金矿床的矿体在走向和倾向上连续性相对较好,多呈脉状,如果洛龙洼金矿床(图3-2;陈加杰,2018);而岩体内金矿床的矿体则连续性较差,多呈透镜状、串珠状断续出现,如瓦勒尕金矿床(图3-3;赵旭,2020)。

在围岩蚀变上,两类脉状金矿床的差异主要体现在规模上,变质岩中金矿床的热液蚀变规模一般较大,矿体两侧的蚀变带可达数十米,如果洛龙洼金矿床(陈加杰,2018);而岩体内金矿床的热液蚀变规模一般较小,主要发育在矿体上下盘10余厘米内,如瓦勒尕金矿床(赵旭,2020)。但两类金矿床的热液蚀变类型较为相似,主要发育硅化、绢英岩化、绿泥-绿帘石化和碳酸盐化(图3-4;陈加杰,2018;赵旭,2020;黄啸坤,2021)。

在矿物组合和成矿期次上,变质岩中金矿床的矿石主要由石英、黄铁矿、黄铜矿、方铅矿和闪锌矿组成,不含毒砂,成矿作用可划分为石英贫硫化物阶段、石英-黄铁矿阶段、石英-多金属硫化物阶段和石英-碳酸盐阶段(赵旭,2020;Li et al.,2021)。而岩体内金矿床的矿石中除含石英、黄铁矿、方铅矿、闪锌矿和黄铜矿外,还发育大量毒砂,成矿作用可划分为黄铁矿-石英阶段、石英-多金属硫化物阶段、石英-黄铁矿-毒砂阶段和石英-碳酸盐阶段,且石英-黄铁矿-毒砂阶段是一个重要的金成矿阶段(陈广俊,2014;陈加杰,2018;黄啸坤,2021)。

图3-4 东昆仑东段典型金矿床的围岩蚀变野外及镜下照片(据赵旭,2020修改)

a、b. 绿泥石化;c. 绿帘石化;d. 硅化绿泥石化;e. 硅化绿帘石化;f、g. 硅化;h、i. 绢云母化。

Pl. 斜长石;Ser. 绢云母

二、成矿时代

对两类脉状金矿床已有的成岩成矿年代学研究结果进行统计分析(图3-5,表3-1),发现赋存于岩体中的金矿床的成矿年龄范围为234~226 Ma,平均年龄为228 Ma,赋矿围岩的年龄变化于241~223 Ma,平均为232 Ma。因此,该类金矿床的成矿年龄与赋矿岩体的成岩年龄相近,反映了成岩与成矿在时间和空间上的密切联系(图3-5)。例如,阿斯哈矿床中热液独居石的年龄为226±4 Ma,围岩的闪长岩年龄范围为241~228 Ma(李金超等,2013;时超等,2013;岳维好,2013;陈加杰,2018;Liang et al.,2021);巴隆矿床中黄铁矿的Rb-Sr年龄为227±3 Ma,围岩年龄为238~229 Ma(黄啸坤,2021);瑙木浑矿床中热液绢云母的年龄为228±1 Ma,围岩年龄为236±1 Ma(李金超,2017)。

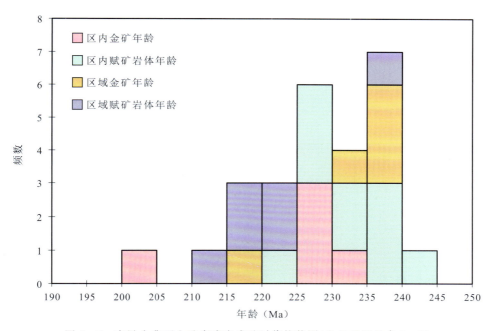

图3-5 东昆仑典型金矿床成岩成矿时代柱状图(数据引用见表3-1)

赋存于变质岩地层中的脉状金矿床的成矿年龄为203 Ma,出露岩体的年龄则在478~416 Ma内,两者的形成时间相差较大(表3-1)。野外可见含矿脉体穿插区内早期岩体,如在果洛龙洼金矿床,野外地质调查发现含矿石英脉穿切矿区辉长岩(416 Ma),说明该类金矿床的成矿作用与出露地表的加里东期侵入体之间的关系较小,而可能与矿区隐伏的印支期岩体有关(郭跃进,2011;李金超等,2013;岳维好,2013;肖晔等,2014)。

总体来看,东昆仑东段脉状金矿床的成矿时代集中于中—晚三叠世,与印支期的岩浆活动有关。

表 3-1 东昆仑东段典型金矿床成岩成矿时代

矿床	赋矿围岩	测试对象	方法	年龄(Ma)	资料来源
巴隆金矿床	中酸性岩浆岩	黄铁矿	Rb-Sr 同位素	227±3	黄啸坤,2021
		闪长岩	U-Pb 同位素	223±2	
		石英闪长岩	U-Pb 同位素	230±1	
		花岗闪长岩	U-Pb 同位素	238±2	
阿斯哈金矿床	中酸性岩浆岩	热液独居石	U-Pb 同位素	226±4	Liang et al., 2021
		蚀变绢云母	Ar-Ar 同位素	235±1	陈加杰,2018
		花岗斑岩	U-Pb 同位素	228±1	Liang et al., 2021
		花岗斑岩	U-Pb 同位素	229±3	岳维好,2013
		闪长岩	U-Pb 同位素	233±1	
		闪长岩	U-Pb 同位素	235±1	时超等,2013
		石英闪长岩	U-Pb 同位素	238±1	李金超等,2013
		闪长岩	U-Pb 同位素	241±2	
瑙木浑金矿床	中酸性岩浆岩	蚀变绢云母	Ar-Ar 同位素	228±1	李金超,2017
		石英闪长岩	U-Pb 同位素	236±1	
果洛龙洼金矿床	古老变质岩	蚀变绢云母	Ar-Ar 同位素	203±2	肖晔等,2014
		辉长岩	U-Pb 同位素	416±4	岳维好,2013
		闪长岩	U-Pb 同位素	477±3	郭跃进,2011
按纳格金矿床	古老变质岩	闪长玢岩	U-Pb 同位素	478±5	李金超等,2013

三、成矿流体性质与来源

前人对东昆仑东段的典型脉状金矿床开展了较为系统的流体包裹体岩相学与显微测温研究。岩相学研究显示,两类脉状金矿床具有相似的流体包裹体类型,早成矿阶段和主成矿阶段均主要发育气液两相包裹体和含 CO_2 三相包裹体,可见少量纯 CO_2 包裹体和含子矿物包裹体,而晚成矿阶段则以气液两相包裹体为主(黄啸坤,2021)。激光拉曼分析表明,含 CO_2 三相包裹体中的气体成分主要为 CO_2、H_2、N_2 和 CH_4,含少量 CO 和 O_2,气液两相包裹体中的气相成分也含有少量 CO_2 与 CH_4,表明成矿流体总体以 $CO_2-NaCl-H_2O$ 体系为主,且具有一定的还原性质(周凤,2010;沈鑫,2012;陈加杰,2018)。

流体包裹体的显微测温研究表明,两类脉状金矿床的流体包裹体具有相似的均一温度变化范围,均介于 110~426 ℃ 之间,集中于 160~310 ℃ 之间,从早成矿阶段到晚成矿阶段,温度变化范围较大(黄啸坤,2021)。在成矿流体盐度方面,岩体内的金矿床具有变化范围较小的盐度,如阿斯哈和瓦勒尕金矿的成矿流体盐度分别为2~9 wt%.NaCl和5~14wt%.NaCl,显示中低盐度的特征(陈广俊,2014;黄啸坤,2021);而变质岩中的金矿床则具有变化范围较大的盐度,如果洛龙洼和按纳格金矿的成矿流体盐度分别为3~23 wt%.NaCl和1~22wt%.NaCl(赖健清等,2015;陈加杰,2018)。在成矿流体密度方面,两类脉状金矿床具有相似的密度变化范围,均介于0.6~1.1 g/cm³之间,显示中低密度的特征(黄啸坤,2021)。在成矿压力与成矿深度上,两类金矿床的成矿压力普遍在60~200 MPa之间,估算的成矿深度为4.77~11.8 km(陈广俊,2014;陶斤金,2014;陈加杰,2018;黄啸坤,2021),但瓦勒尕与达里吉格塘金矿床比较特殊,成矿压力与成矿深度均明显小于其他金矿床,其成矿压力为6.0~38.7 MPa,估算的成矿深度在0.6~3.9 km之间(陈广俊,2014;陈加杰,2018)。

东昆仑东段典型脉状金矿床的H-O同位素研究显示(表3-2),两类金矿床具有相似的H-O同位素组成,数据点主要位于岩浆水范围附近,有向大气降水漂移的趋势,表明金矿床的成矿流体主要为岩浆热液来源,在流体演化的过程中,可能有少量大气降水等外部流体的混入(图3-6)。此外,果洛龙洼金矿床的黄铁矿He-Ar同位素示踪表明(图3-7),数据位于地壳氦与地幔氦之间,更靠近地壳氦,反映成矿流体以地壳流体为主,并有少量地幔流体和/或大气降水的混入,这与H-O同位素的示踪结果一致。

表3-2 东昆仑东段典型金矿床H-O同位素

矿床	赋矿围岩	$\delta^{18}O_{H_2O}$(‰)	δD_{H_2O}(‰)	资料来源
巴隆金矿床	中酸性岩浆岩	3.8~7.9	-96.4~-77.6	黄啸坤,2021
阿斯哈金矿床	中酸性岩浆岩	2.7~9.2	-117.7~-59.6	李碧乐等,2012
瓦勒尕金矿床	中酸性岩浆岩	2.0~6.2	-96.7~-60.7	陈加杰,2018
果洛龙洼金矿床	古老变质岩	0.6~10.7	-94.2~-67.0	岳维好,2013
		-2.3~6.9	-86.8~-71.8	陈加杰,2018
		4.1~8.5	-101.0~-61.0	丁清峰,2013
		2.8~5.4	-84.0~-77.0	肖晔等,2014
		3.3~8.8	-101.0~-61.0	王冠,2012
		4.3~8.3	-104.0~-66.0	窦光源,2016
按纳格金矿床	古老变质岩	4.2~6.5	-83.3~-72.3	陶斤金,2014
德龙金矿床	古老变质岩	0.1~3.7	-76.7~-64.3	赵旭,2018

四、成矿物质来源

东昆仑东段典型脉状金矿床的硫同位素研究表明(表3-3),两类脉状金矿床的硫同位素组成相差不大,硫化物的$\delta^{34}S$值为-7.1‰~11.6‰,集中于0~8‰之间,均值为3.7‰,

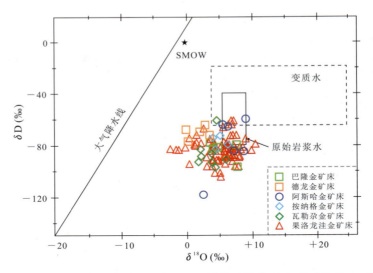

图 3-6 东昆仑东段典型金矿床 H-O 同位素组成(数据引用见表 3-2)

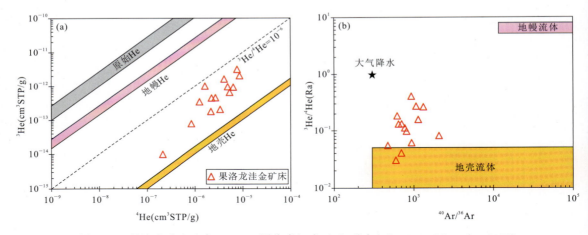

图 3-7 果洛龙洼金矿床 He-Ar 同位素组成(数据引自赵旭,2020;Li et al.,2021)

略高于 0,与岩浆硫的分布范围大致相同,表明成矿物质主要为岩浆来源。其中,岩体内金矿床的 $\delta^{34}S$ 值变化范围较小(图 3-8),如巴隆金矿的 $\delta^{34}S$ 值为 −1.6‰~5.9‰、瓦勒尕金矿的 $\delta^{34}S$ 值为 2.2‰~4.7‰、瑙木浑金矿的 $\delta^{34}S$ 值为 3.0‰~4.6‰;而变质岩中的金矿床的 $\delta^{34}S$ 值变化范围较大(图 3-8),如果洛龙洼金矿的 $\delta^{34}S$ 值变化范围为 −6.0‰~5.2‰,按纳格金矿的 $\delta^{34}S$ 值变化范围为 −7.1‰~9.2‰,表明该类金矿床具有更加复杂的硫源,可能有变质地层硫的混入(李金超,2017;陈加杰,2018)。

表 3-3 东昆仑东段典型金矿床硫化物的硫同位素组成

矿床	赋矿围岩	$\delta^{34}S(‰)$	数据来源
巴隆金矿床	中酸性岩浆岩	−1.6～5.4	项目组未发表数据
		0.7～5.9	黄啸坤,2021
阿斯哈金矿床	中酸性岩浆岩	4.2～8.9	Liang et al.,2021
		6.2～7.7	岳维好,2013
		5.0～7.4	李碧乐等,2012
		6.2～7.7	张激悟,2013
		4.9～11.6	李金超,2017
瓦勒尕金矿床	中酸性岩浆岩	2.2～4.7	陈加杰,2018
璐木浑金矿床	中酸性岩浆岩	3.0～4.6	李金超,2017
果洛龙洼金矿床	古老变质岩	−5.8～5.2	岳维好,2013
		1.6～4.7	陈加杰,2018
		−6.0～3.9	胡荣国,2008
按纳格金矿床	古老变质岩	−7.1～9.2	李金超,2017

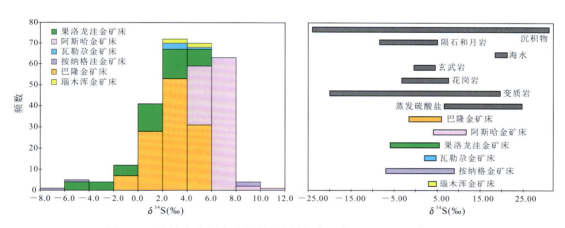

图 3-8 东昆仑东段典型金矿床硫同位素组成(数据引用见表 3-3)

东昆仑东段典型脉状金矿床的铅同位素研究显示(表 3-4),两类脉状金矿床也具有相似的铅同位素组成,且数据分布较为集中,$^{206}Pb/^{204}Pb$ 值为 17.468～18.597,$^{207}Pb/^{204}Pb$ 值为 15.52～15.715,$^{208}Pb/^{204}Pb$ 值为 37.795～38.904,反映了区内金矿床在成矿物质来源上具有一致性。铅同位素构造环境判别图解显示(图 3-9a～c),大部分数据点位于造山带范围或附近,表明区内金矿床可能形成于造山带环境。此外,在 $\Delta\beta-\Delta\gamma$ 成因分类图解中(图 3-9d),除个别数据点位于上地壳铅范围外,其他数据点均分布于上地壳与地幔混合的俯冲带岩浆作用铅范围内,表明金矿床的矿石铅来源与壳幔混合的岩浆作用有关。

表 3-4 东昆仑东段典型金矿床铅同位素

矿床	赋矿围岩	$^{206}Pb/^{204}Pb$	$^{207}Pb/^{204}Pb$	$^{208}Pb/^{204}Pb$	$\Delta\beta$	$\Delta\gamma$	资料来源
巴隆金矿床	中酸性岩浆岩	18.372~18.415	15.609~15.679	38.456~38.658	18.90~23.47	36.14~41.58	黄啸坤,2021
阿斯哈金矿床	中酸性岩浆岩	18.199~18.235	15.542~15.605	38.163~38.321	14.52~18.63	28.20~32.46	岳维好,2013
瓦勒尕金矿床	中酸性岩浆岩	18.072~18.508	15.561~15.675	38.172~38.904	15.76~23.20	28.44~48.16	李金超,2017
璨木淳金矿床	中酸性岩浆岩	18.481~18.524	15.658~15.715	38.619~38.803	22.09~25.81	40.49~45.44	陈加杰,2018
	中酸性岩浆岩	18.093~18.482	15.615~15.658	38.211~38.458	19.29~22.10	29.58~36.24	李金超,2017
果洛龙洼金矿床	古老变质岩	18.062~18.113	15.545~15.561	37.957~38.002	14.61~15.65	21.65~22.86	岳维好,2013
	古老变质岩	17.468~18.597	15.520~15.608	37.981~38.765	12.98~18.72	22.30~43.40	陈加杰,2018
	古老变质岩	18.057~18.135	15.524~15.585	37.901~38.110	13.24~17.22	20.14~25.77	胡荣国,2008
按纳格金矿床	古老变质岩	18.197~18.469	15.549~15.644	37.795~38.341	14.98~21.18	18.28~33.00	李金超,2017

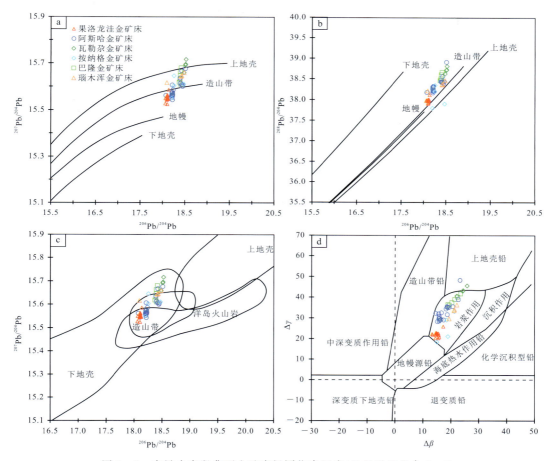

图 3-9 东昆仑东段典型金矿床铅同位素组成（数据引用见表 3-4）

综上，研究区内的两类脉状金矿床具有相似的成矿物质来源，均主要来源于深部的壳幔混合岩浆，并有少量变质地层物质的混入。

第二节 岩浆热液脉型银铅锌多金属成矿系列

一、矿床地质特征

东昆仑东段岩浆热液脉型银铅锌多金属矿床主要分布在研究区东部，昆中断裂以北（图 3-10）。典型矿床有那更康切尔、坑得弄舍、哈日扎等大中型银铅锌多金属矿床和各玛龙、乌妥沟、枪口南等小型矿床（点），目前已探明银和铅锌储量分别超过 4600 t 和 116×10^4 t

(刘颜等,2018;Chen et al.,2019;李浩然,2021),坑得弄舍矿床另含金40 t(刘颜等,2018)。矿床的赋矿围岩主要为古元古界金水口岩群和下三叠统鄂拉山组。那更康切尔、哈日扎和枪口南矿床赋存于金水口岩群和鄂拉山组内(李青,2019;徐崇文等,2020),各玛龙矿床就位于鄂拉山组中(张志颖,2019);而坑得弄舍矿床较为特殊,矿体主要产出于下—中三叠统洪水川组与上石炭统浩特洛洼组的接触带附近(图3-11)。脉型银铅锌多金属矿床的成矿受构造控制作用明显,北西-近东西向断裂构造构成了本区基本构造轮廓,为区域性导矿构造,北西向和北东向断裂及其次级断裂则控制了矿体产出分布,断裂破碎较强部位或各断裂带交会部位,往往形成高品位的银铅锌多金属矿体。其中,各玛龙矿床主要受近东西向蚀变破碎带控制(王婧等,2020),而北西-北西西向断裂控制了哈日扎、那更康切尔和坑得弄舍矿床的矿体定位(刘颜等,2018;李青,2019;武亚峰,2019;徐崇文等,2020)。岩浆岩主要包括印支—燕山期的中酸性侵入岩和火山岩,岩性为二长花岗岩、花岗闪长岩、英云闪长岩、流纹(斑)岩、凝灰岩等(蒋明光,2014;张先超等,2017;李青,2019;谈艳等,2019;武亚峰,2019)。

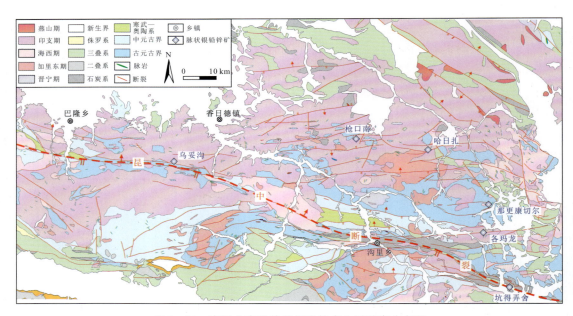

图3-10　东昆仑东段脉状银铅锌多金属矿床分布图

矿床的矿石结构与构造复杂,矿石结构主要有粒状结构、碎裂结构、交代残余结构、乳滴状结构、固溶体分离结构、填隙结构和包含结构等;常见矿石构造为块状、浸染状、纹层状、角砾状、脉状和网脉状构造。在矿石的矿物组成上,各脉状银铅锌矿床总体具有相似的矿物组合,金属矿物除了常见的黄铁矿、毒砂、磁黄铁矿、黄铜矿、方铅矿和闪锌矿外,还含有含银矿物,如自然银、辉银矿、银黝铜矿等(李青,2019;王婧等,2020;徐崇文等,2020),尤以那更康切尔银多金属矿床中的银矿物最为复杂,包括自然银、辉银矿、螺硫银矿、淡红银矿、火硫锑银矿、辉锑银矿、银黝铜矿、黝锑银矿等(李敏同等,2018);非金属矿物则主要为石英、斜长石、方解石、角闪石、云母等。矿床围岩蚀变发育,蚀变类型多、范围广、强度大,主要发育硅

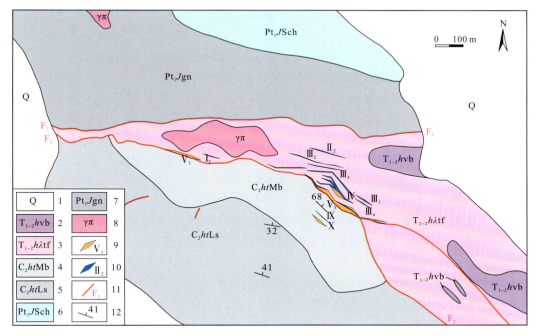

图3-11 东昆仑东段坑得弄舍银铅锌多金属矿床地质矿产图(据刘颜等,2018修改)

1.第四系冲洪积物;2.下—中三叠统洪水川组火山角砾岩;3.下—中三叠统洪水川组流纹质凝灰岩;4.上石炭统浩特洛洼组大理岩;5.上石炭统浩特洛洼组灰白色灰岩;6.古元古界金水口岩群绿泥石绢云母片岩;7.古元古界金水口岩群片麻岩;8.花岗斑岩;9.富Au矿体及编号;10.富Pb-Zn矿体及编号 11.逆冲断层及编号;12.勘探线及编号

化、高岭土化、碳酸盐化、软锰矿化、绢英岩化、重晶石化等,其中以硅化、软锰矿化和重晶石化与矿化关系最密切(李敏同等,2018;李青,2019;王婧等,2020;徐崇文等,2020)。

　　脉型银铅锌多金属矿床虽然在成矿地质特征和矿物组成上存在微小差异,但成矿作用从早到晚一般都经历了石英-黄铁矿阶段、石英-银多金属硫化物阶段和碳酸盐阶段(李青,2019;张志颖,2019;徐崇文等,2020)。石英-黄铁矿阶段,黄铁矿结晶程度较好,呈颗粒状结合体充填在石英脉裂隙中。石英-银多金属硫化物阶段为主成矿阶段,主要发育辉银矿、毒砂、方铅矿、闪锌矿、黄铁矿、黄铜矿和黝铜矿,少量形成深红银矿、辉锑银矿、硫锑铅银矿、辉锑铅银矿等。石英-碳酸盐阶段主要形成石英、方解石脉。此外,哈日扎银多金属矿床还存在成矿热液晚期的独立银矿物阶段,该阶段主要形成辉银矿和深红银矿,赋存于低温硅化"玉髓"中(李青,2019)。坑得弄舍多金属矿床具有多期热液叠加成矿的特点,成矿作用可分为喷流沉积期和热液期(刘颜等,2018),存在特有的重晶石-黄铁矿阶段和重晶石-硫化物阶段,主要发育重晶石、银金矿和其他硫化物。

二、成矿时代

研究区内脉型银铅锌多金属矿床的成岩成矿年代学研究表明(表3-5,图3-12),哈日扎矿床含矿石英脉中热液锆石U-Pb年龄为223±2 Ma(Fan et al.,2021),石英闪长岩的锆石U-Pb年龄为239±2 Ma(国显正等,2016a),火山凝灰岩的锆石U-Pb年龄为225±1 Ma(燕正君,2019);那更康切尔矿床含矿石英脉的热液锆石U-Pb年龄为216 Ma,流纹(斑)岩的锆石U-Pb年龄为225~218 Ma(武亚峰,2019);各玛龙矿床的流纹质凝灰岩锆石U-Pb年龄为223±2 Ma(张志颖,2019);坑得弄舍矿床流纹质凝灰岩锆石U-Pb年龄为259~243 Ma(王春辉,2017;Liang et al.,2019)。因此,脉型银铅锌多金属矿床赋矿围岩的年龄集中在259~217 Ma之间,成岩时代为晚二叠世—晚三叠世,而成矿年龄集中于223~215 Ma之间,成矿时代稍晚于成岩时代。那更康切尔矿床的流纹(斑)岩既是赋矿围岩,产有脉状银铅锌矿体,又是含矿岩石,发育浸染状、角砾状银矿石,暗示成矿与成岩同期或稍晚。

综上所述,脉型银铅锌多金属矿床的成矿时代为晚三叠世,与矿区的岩浆作用同期或稍晚。此外,笔者野外调研时在瓦勒尕金多金属矿中发现了后期的银多金属矿脉穿插金多金属硫化物脉,表明区内银多金属矿的成矿时代晚于金成矿。

表3-5 东昆仑东段脉型银铅锌多金属矿床成岩成矿年龄

矿床	测试对象	测试方法	年龄(Ma)	文献来源
哈日扎	热液锆石	U-Pb同位素	223.2±1.6	Fan et al.,2021
	石英闪长岩	U-Pb同位素	239.3±2.2	国显正等,2016a
	火山凝灰岩	U-Pb同位素	225.42±0.72	燕正君,2019
那更康切尔	流纹岩	U-Pb同位素	225	武亚峰,2019
	热液锆石	U-Pb同位素	215.7	
	流纹斑岩	U-Pb同位素	217.5±2.4	国显正,2020
各玛龙	流纹质凝灰岩	U-Pb同位素	222.5±1.7	张志颖,2019
坑得弄舍	流纹质凝灰岩	U-Pb同位素	243.3±1.6	Liang et al.,2019
	流纹质岩	U-Pb同位素	259.5±1.7	王春辉,2017

三、成矿流体性质与来源

脉型银铅锌多金属矿床石英中的流体包裹体主要包括气液两相和纯液相包裹体两种类型,激光拉曼光谱分析显示,这两类流体包裹体的气液成分均为水,说明成矿流体为盐水溶液(王春辉,2017;张志尉等,2020)。流体包裹体显微测温研究表明,成矿流体的均一温度集中于160~240 ℃之间,盐度集中在4.5~12.5wt%.NaCl之间,密度主要为0.77~1.05 g/cm³,

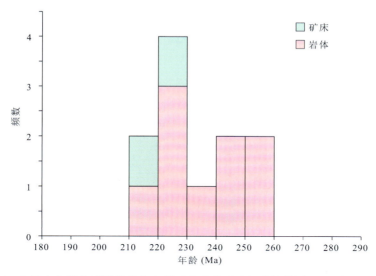

图 3-12　东昆仑东段脉型银铅锌多金属矿床成岩成矿年龄柱状图（数据来源见表 3-5）

表明脉型银铅锌多金属矿床的成矿流体为中低温、中低盐度、低密度的流体；估算的成矿主阶段压力为 17~37 MPa，对应的成矿深度为 1.7~3.7 km（张志颖，2019；李浩然，2021）。

脉型银铅锌多金属矿床的氢氧同位素数据显示（表 3-6），部分样品落于岩浆水范围内，少量样品靠近大气降水线，其余大部分样品位于岩浆水与大气降水之间（图 3-13），表明成矿流体主要来自深部岩浆，在流体演化过程中有不同程度大气降水的混入。李敏同和李忠权（2017）对那更康切尔矿床中的方解石开展了 C-O 同位素研究，结果显示，该矿床的成矿流体与岩浆作用有关，成矿流体中的碳主要由岩浆作用提供，并受到一定程度的大气降水和低温蚀变作用的影响，这与 H-O 同位素研究结果一致。在 ^{3}He-^{4}He 丰度图解中（图 3-14a），脉型银铅锌多金属矿的样品均位于地壳氦和地幔氦之间且接近地壳氦。在 ^{3}He/^{4}He-^{40}Ar/^{36}Ar 图解中（图 3-14b），样品基本落在地壳流体附近，说明壳源流体是成矿热液的重要组成部分。综上所述，脉型银铅锌多金属矿床的成矿流体主要来自壳幔混合岩浆，在成矿过程中有大气降水的加入。

表 3-6　东昆仑东段脉型银铅锌多金属矿床的 H-O 同位素数据

矿床	δD_{H_2O}(‰)	$\delta^{18}O_{H_2O}$(‰)	文献来源
哈日扎	−11.6~7.3	−92.7~−72.3	Fan et al.，2021
	0.3~2.4	−88.0~−81.0	段宏伟，2014
	−9.2~4.3	−92.7~−73.4	李青，2019
坑得弄舍	0.8~9.4	−109.6~−75.1	Zhao et al.，2021
	0.4~3.4	−90.7~−66.9	蒋明光，2014
各玛龙	0.5~2.5	−226.1~−114.5	张志颖，2019

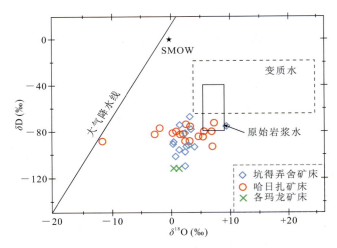

图 3-13 东昆仑东段脉型银铅锌多金属矿床 H-O 同位素组成图解（数据来源见表 3-6）

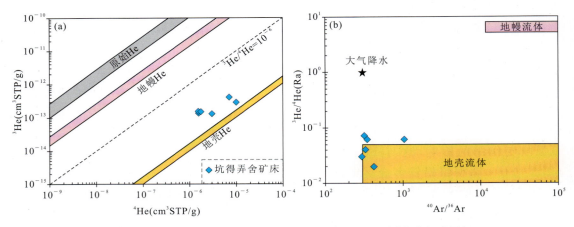

图 3-14 东昆仑东段脉型银铅锌多金属矿床 He-Ar 同位素组成图解
（数据引自 Zhao et al.，2021）

四、成矿物质来源

东昆仑东段脉型银铅锌多金属矿床的硫同位素数据显示（表 3-7），除坑得弄舍矿床外，其他矿床硫化物的 $\delta^{34}S$ 值集中于 $-2.2‰ \sim 2.0‰$ 之间，与岩浆硫特征一致，说明硫主要来源于深部岩浆（图 3-15），其中 $\delta^{34}S$ 最小值为 $-5.4‰$，负向偏离于 0，这可能与大气降水的混入有关，大气降水混入时，成矿流体的氧逸度升高，从而导致硫化物的 $\delta^{34}S$ 值降低。而坑得弄舍矿床具有富硫特征，矿床内硫化物的 $\delta^{34}S$ 值明显正向偏离 0（表 3-7），其硫来源可能与火山气液在海底喷流成矿过程中混染了海水硫有关;重晶石的硫同位素测试结果显示,其硫来源与海相成因蒸发岩和海相硫酸盐有关(何财福,2013;张志尉等,2020)。

表 3-7 东昆仑东段脉型银铅锌多金属矿床的硫同位素数据

矿床	$\delta^{34}S(‰)$	测试对象	数据来源
哈日扎	−3.7～1.0	硫化物	Fan et al.,2021
	−3.8～−0.5	硫化物	Zhang et al.,2018
	−2.8～−2.7	硫化物	段宏伟,2014
	−2.6～0.6	硫化物	李青,2019
	−1.6～0.6	硫化物	燕正君,2019
那更康切尔	−3.5～0.5	硫化物	李敏同和李忠权,2017
	−4.0～−1.4	硫化物	徐崇文等,2020
	−5.4～2.0	硫化物	国显正,2020
各玛龙	−2.2～0.6	硫化物	张志颖,2016
坑得弄舍	−3.5～7.1	硫化物	Zhao et al.,2021
	28.3	重晶石	Zhao et al.,2021
	5.4～12.3	硫化物	张楠等,2012
	−0.1～12.3	硫化物	何财福,2013
	28.2～29.9	重晶石	何财福,2013
	10.0～12.2	硫化物	蒋明光,2014

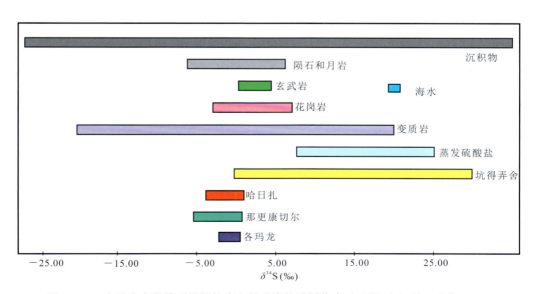

图 3-15 东昆仑东段脉型银铅锌多金属矿床的硫同位素对比图(数据引用见表 3-7)

各矿床的矿石铅同位素整体分布相对集中(表 3-8),$^{206}Pb/^{204}Pb$ 值变化于 18.281~18.620 之间,$^{207}Pb/^{204}Pb$ 值介于 15.577~15.698 之间,$^{208}Pb/^{204}Pb$ 值变化于 38.157~39.373 之间。在 $^{207}Pb/^{204}Pb-^{206}Pb/^{204}Pb$ 判别图解中(图 3-16a),各矿床的数据点主要落在造山带和上地壳范围内;在 $^{208}Pb/^{204}Pb-^{206}Pb/^{204}Pb$ 图解上(图 3-16b,c),大部分数据点位于造山带范围内,说明其处于造山带环境。在 $\Delta\beta-\Delta\gamma$ 成因分类图解中(图 3-16d),样品点主要落在上地壳与地幔混合的俯冲带岩浆作用铅范围内,少量位于上地壳铅范围内,表明成矿物质与壳幔混合的岩浆作用有关;并且样品在铅的增长曲线图上成一条直线,这也表明成矿物质可能来源于地壳深部同一岩浆源区,该直线较大的斜率并不表示铅同位素的演化趋势,而可能代表地壳与地幔这两个端元组分的混合(张斌,2017)。综上所述,脉型银铅锌多金属矿床的成矿物质主要来源于造山带构造背景下的深部壳幔混合岩浆。

表 3-8 东昆仑东段脉型银铅锌多金属矿床的铅同位素数据

矿床	$^{206}Pb/^{204}Pb$	$^{207}Pb/^{204}Pb$	$^{208}Pb/^{204}Pb$	$\Delta\beta$	$\Delta\gamma$	文献来源
哈日扎	18.381~18.425	15.644~15.694	38.498~38.677	21.16~24.43	37.09~41.92	Fan et al., 2021
	18.254~18.504	15.614~15.800	38.429~39.028	19.56~31.93	37.55~56.68	张斌, 2017
那更康切尔	18.280~18.620	15.600~15.730	38.380~39.100	18.31~26.8	34.09~53.49	李敏同和李忠权, 2017
	18.287~18.398	15.609~15.663	38.412~38.599	19.09~22.75	35.09~43.0	徐崇文等, 2020
	18.300~18.367	15.602~15.616	38.385~38.484	18.41~19.34	33.79~36.44	国显正, 2020
坑得弄舍	18.297~18.389	15.577~15.698	38.193~38.591	16.88~24.78	29.75~40.48	Zhao et al., 2021
	18.281~18.316	15.569~15.601	38.157~38.255	16.36~18.71	28.78~32.96	何财福, 2013
	18.334~18.389	15.626~15.694	38.341~39.373	20.14~24.78	34.24~62.48	蒋明光, 2014

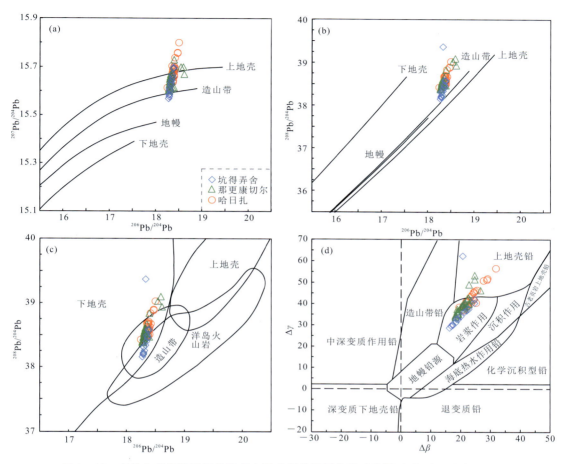

图3-16 东昆仑东段脉型银铅锌多金属矿床的铅同位素对比图(数据引用见表3-8)

第三节 矽卡岩型铁铜钨多金属成矿系列

一、矿床地质特征

东昆仑东段矽卡岩型铁铜钨多金属矿床主要分布在昆中断裂北侧(图3-17)。典型矿床有双庆铁矿床、清泉沟多金属矿床和占卜扎勒铁矿床,矿床就位于中—晚三叠世(239~227 Ma)中酸性岩体与碳酸盐岩地层的接触带内,赋矿地层包括古元古界金水口岩群、中元古界小庙岩组和上石炭统缔敖苏组等(裴长世等,2015;Xia et al.,2015;Li et al.,2020)。矿体多呈似层状、不规则脉状和透镜状产出,控矿构造主要为接触带构造,成矿后矽卡岩层中的近东西向构造蚀变破碎带对矿体进行了改造富集,是寻找厚大矿体的有利部位(苏胜年等,2012;何朝鑫,2014;裴长世等,2015)。双庆铁矿床位于研究区北部(图3-17、图3-18),含矿地层为石炭纪的一套碳酸盐岩建造,以灰白色大理岩为主,另有少量呈透镜状的绿色片岩夹于大理岩间;区内的岩浆岩主要为火山碎屑岩和火山熔岩;矿体主要赋存于绿色片岩和大理岩层间,沿大理岩层面或裂隙间分布。由于第四系覆盖较厚,地表构造现象不甚明显,根据已有资料推测,双庆矿区发育一条北东向的断裂,为导矿构造,矿床位于北东-南西向背斜构造的南东翼,矿体定位受褶皱和断裂控制(何朝鑫,2014)。小卧龙矿床位于研究区外围,成矿受北东向构造控制,矿体产出于大理岩和花岗岩接触带的矽卡岩内(国显正,2020),成矿地质条件与研究区矿床类似。此外,近年来在迈龙地区发现了一条矽卡岩型铜铁矿(化)体,铁平均品位21.76%,铜平均品位0.29%,说明在研究区内有较大的矽卡岩型矿床找矿潜力。

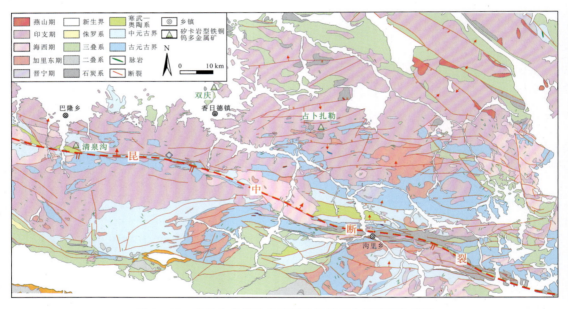

图3-17 东昆仑东段矽卡岩型铁铜钨多金属矿床分布图

矽卡岩型铁铜钨多金属矿床的矿石结构、构造较简单,矿石结构主要为自形、半自形、他形粒状结构和交代结构;常见的矿石构造为块状、浸染状、脉状和网脉状构造。各矿床的矿物组合总体相似,金属矿物以钛铁矿、黄铁矿、磁黄铁矿、黄铜矿、辉钼矿、方铅矿、闪锌矿和斑铜矿为主,另含少量铜蓝、针铁矿、铅钒等;非金属矿物主要为透辉石、阳起石、透闪石、石榴子石、硅灰石、绿帘石、绿泥石、云母、石英、方解石等。矿床的围岩蚀变发育,热液蚀变类型主要有矽卡岩化、碳酸盐化、硅化、绢云母化等,其中,矽卡岩化又包括硅灰石化、阳起石化、透闪石化、绿泥石化、绿帘石化等(苏胜年等,2012;何朝鑫,2014)。

在成矿期次与成矿阶段上,区内矽卡岩型铁铜钨多金属矿床的成矿过程大致可分为干矽卡岩阶段、湿矽卡岩阶段、氧化物阶段和石英硫化物阶段(何朝鑫,2014)。干矽卡岩阶段

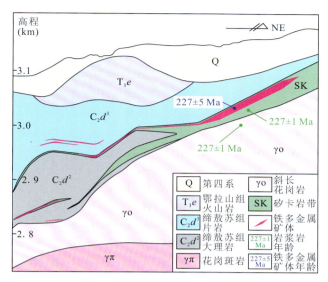

图 3-18 东昆仑东段双庆矽卡岩型铁多金属矿床典型剖面图(据 Xia et al., 2015 修改)

主要形成一套无水矽卡岩矿物,如透辉石、石榴子石和硅灰石等,矿物自形程度较好。湿矽卡岩阶段以形成含水矽卡岩矿物为主要特征,如阳起石、透闪石、绿帘石、绿泥石等。氧化物阶段由于成矿流体的温度逐渐降低及前期交代作用的影响,铁元素发生显著沉淀,形成大量磁铁矿,是铁的主要成矿时期;另有少量硫化物形成,如辉钼矿和磁黄铁矿等。石英硫化物阶段的早期,黄铁矿、黄铜矿、磁黄铁矿、闪锌矿、方铅矿等硫化物大量出现,形成的非金属矿物有绿泥石、绿帘石、碳酸盐矿物、石英等;石英硫化物阶段的晚期以石英和碳酸盐类矿物增多为特征,形成大量石英、方解石及其他碳酸盐矿物(何朝鑫,2014;国显正,2020)。

二、成矿时代

研究区矽卡岩型铁铜钨多金属矿床的年代学研究较为薄弱(表 3-9,图 3-19),仅双庆铁矿床有较为精确的年代学报道。该矿床磁铁矿-辉钼矿成矿阶段的辉钼矿 Re-Os 同位素定年结果显示,矿床的形成年龄为 227±5 Ma,与矽卡岩带下盘的斜长花岗岩的锆石 U-Pb 年龄(227±1 Ma)相近(图 3-18;Xia et al.,2015)。而研究区外围小卧龙矿床的成矿年龄为 258±4 Ma(含矿锡石的 U-Pb 定年),矿区内斑状二长花岗岩年龄为 260±2 Ma,也显示出成岩与成矿作用在时间上的一致性(国显正,2020)。其他的矽卡岩型矿床虽然在祁漫塔格地区,但都属于东昆北地体,具有对比意义,索拉吉尔矽卡岩型铜钼矿的 Re-Os 年龄为 239±1 Ma(丰成友等,2010),黑石山矽卡岩型铜多金属矿床中花岗闪长岩的年龄为 244±2 Ma(国显正等,2018),八路沟矽卡岩型铅锌矿床中花岗闪长岩的年龄为 245±2 Ma(Ding et al.,2014)。总体来看,与成矿相关的岩浆岩形成于 245~227 Ma,区内矽卡岩型矿床的成矿年龄主要为 239~227 Ma,成岩年龄略早于成矿年龄;因此,东昆仑东段矽卡岩型铁铜钨多金属矿床的成矿时代为中—晚三叠世,成矿时间与金银成矿系列相似。

表 3-9 东昆仑东段及外围典型矽卡岩矿床成岩成矿年龄

矿床	测试对象	测试方法	年龄（Ma）	文献来源
双庆	辉钼矿	Re-Os 同位素	227±5	Xia et al.，2015
	斜长花岗岩	U-Pb 同位素	227±1	
小卧龙	锡石	U-Pb 同位素	258±4 Ma	国显正，2020
	斑状二长花岗岩	U-Pb 同位素	260±2 Ma	
索拉吉尔	辉钼矿	Re-Os 同位素	239±1	丰成友等，2010
黑石山	花岗闪长岩	U-Pb 同位素	244±12	国显正等，2018
八路沟	花岗闪长岩	U-Pb 同位素	245±2	Ding et al.，2014

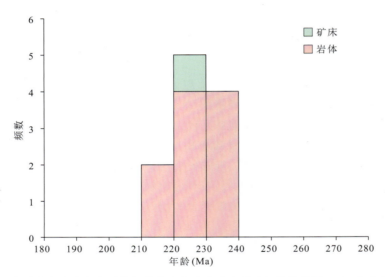

图 3-19 东昆仑东段矽卡岩型铁铜钨多金属矿床成岩成矿年龄柱状图（数据引用见表 3-9）

三、成矿流体性质与来源

矽卡岩型铁铜钨多金属矿床的流体包裹体主要有 4 种类型，包括纯气相包裹体、纯液相包裹体、气液两相包裹体和含子矿物包裹体。流体包裹体显微测温研究显示，成矿流体的均一温度变化范围为 214～328 ℃，集中于 205～290 ℃，盐度在 1～3wt％.NaCl 之间，密度为 0.7～0.9 g/cm³，属于中低温、低盐度和低密度的流体；伴随成矿作用的持续进行，成矿流体的盐度随温度的降低而呈下降趋势，盐度与温度表现出一定的正相关关系（何朝鑫，2014）。

矽卡岩型铁铜钨多金属矿床的 H-O 同位素研究表明，样品位于偏离岩浆水的左下侧，总体更靠近大气降水线（图 3-20a）。而 C-O 同位素测试结果显示，数据分布范围较大，主要位于花岗岩区域附近,并明显向大气降水方向飘移(图3-20b),表明流体中的碳来源于岩浆水与大气降水的混合(何朝鑫,2014)。综上所述,矽卡岩型铁铜钨多金属矿床的成矿流体主要来源于岩浆水与大气降水的混合。

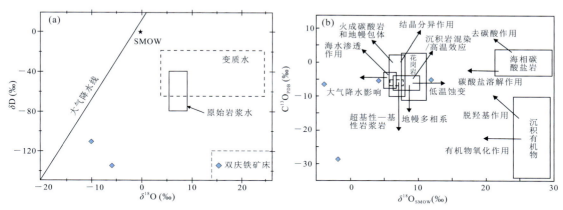

图3-20 东昆仑东段矽卡岩型铁铜钨多金属矿床H-O和C-O同位素图解

(数据引自何朝鑫,2014)

四、成矿物质来源

东昆仑东段矽卡岩型铁铜钨多金属矿床的硫同位素数据显示(图3-21),双庆铁矿硫化物的$\delta^{34}S$值为$-0.1‰\sim0.9‰$,均值为$0.4‰$(何朝鑫,2014);小卧龙矿床硫化物的$\delta^{34}S$值变化为$-0.75‰\sim3.95‰$,均值为$1.7‰$(国显正,2020)。因此,研究区及外围的矽卡岩型矿床均具有变化范围较窄的$\delta^{34}S$值($-1‰\sim4‰$),与陨石硫和岩浆硫具有可比性(图3-21),表明矿床的硫主要来源于深部岩浆。

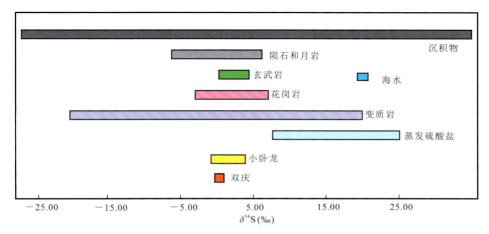

图3-21 东昆仑东段矽卡岩型铁铜钨多金属矿床硫同位素对比图

(数据引自何朝鑫,2014;国显正,2020)

研究区内矽卡岩型铁铜钨多金属矿床的铅同位素未见报道,故选用研究区外围相似类型的小卧龙矽卡岩型锡多金属矿床推测分析。该矿床矿石铅同位素整体分布相对集中,$^{206}Pb/^{204}Pb$ 值变化为 18.342～18.414,$^{207}Pb/^{204}Pb$ 值为 15.575～15.608,$^{208}Pb/^{204}Pb$ 值变化为 38.334～38.449。通过铅同位素对金属硫化物的构造环境和成因类型进行分析,在 $^{207}Pb/^{204}Pb$ - $^{206}Pb/^{204}Pb$ 和 $^{208}Pb/^{204}Pb$ - $^{206}Pb/^{204}Pb$ 图解中(图 3-22a～c),样品数据点主要位于造山带附近,说明其处于造山带环境,反映了矿石中的铅源区可能与造山带有关;在 $\Delta\beta$-$\Delta\gamma$ 成因分类图解中(图 3-22d),样品点主要落在上地壳与地幔混合的俯冲带岩浆作用铅范围内,表明成矿物质与岩浆作用有关,为上地壳与地幔的混合成因。综上所述,矽卡岩型铁铜钨多金属矿床的成矿物质来源于造山带环境下的壳幔混合岩浆(何朝鑫,2014;国显正,2020)。

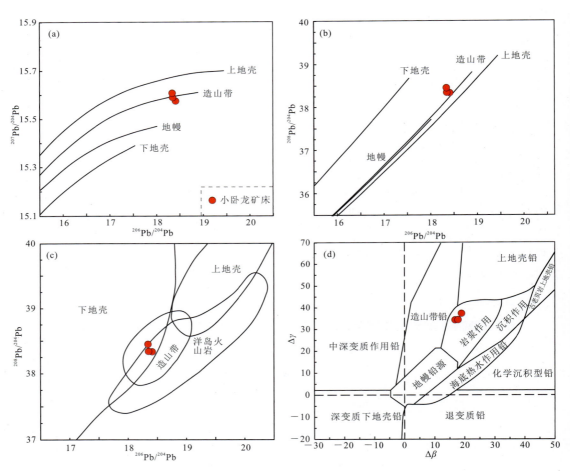

图 3-22 东昆仑东段矽卡岩型铁铜钨多金属矿床铅同位素对比图

(数据引自国显正,2020)

第四节　斑岩型铜钼多金属矿成矿系列

一、矿床地质特征

东昆仑东段的斑岩型铜钼矿床主要有热水铜钼矿床、哈陇休玛钼(钨)矿床、多龙恰柔钼矿床和托克妥铜-金-钼矿床(图3-23)。其中,热水和多龙恰柔矿床分布于三叠纪中酸性岩体内(国显正等,2016;朱德全等,2018;国显正,2020),岩性以似斑状二长花岗岩和二长花岗岩为主(图3-24);而哈陇休玛和托克妥矿床主要产出于三叠纪岩体与古元古界金水口岩群的接触带中(夏锐等,2014;鲁海峰等,2017)。部分学者认为哈日扎矿区也存在斑岩型铜矿(杨平等,2010;马忠元等,2013;段宏伟,2014),但目前仍存在较大争议(许庆林,2014)。

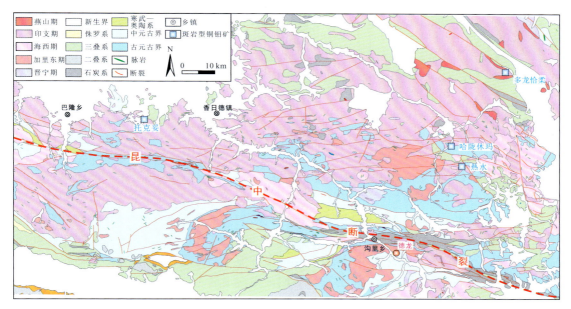

图3-23　东昆仑东段斑岩型铜钼多金属矿床分布图

斑岩型铜钼矿床的矿体多呈脉状、透镜状产出,平面上多为近平行展布(图3-24),走向延长50～600 m,倾向延深25～700 m(国显正等,2016;国显正,2020)。矿石类型主要为网脉状矿石和浸染状矿石,两者具有相似的矿物组成,金属矿物以辉钼矿、黄铁矿、黄铜矿、闪锌矿和方铅矿为主,非金属矿物主要为石英、长石、黑云母等。斑岩型铜钼矿床的围岩蚀变较发育,蚀变类型主要有硅化、钾化、绢云母化、黄铁矿化、绿泥石化、绿帘石化、高岭土化和碳酸盐化等;硅化及钾化蚀变与铜钼矿化关系密切。自矿体至围岩,蚀变具有明显的分带性,以多龙恰柔矿床为例,钼矿(化)体主要位于钾化-硅化蚀变带中,矿(化)体外围发育绢英

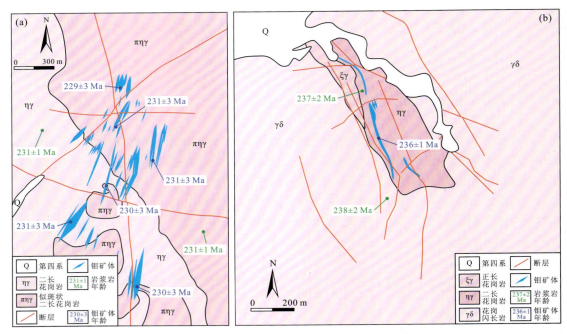

图 3-24 东昆仑东段热水(a,据国显正等,2016d 修改)和多龙恰柔(b,据国显正,2020 修改)铜钼矿床地质矿产简图(岩浆岩锆石 U-Pb 年龄及钼矿体辉钼矿 Re-Os 年龄据国显正等,2016b,c,d;国显正,2020)

岩化-绿泥石化带,更远处则主要发育碳酸盐化和高岭土化(国显正,2020)。

斑岩型铜钼矿床的成矿作用大致可以分为 4 个成矿阶段,分别为石英-钾长石阶段、石英-辉钼矿阶段、石英-多金属硫化物阶段和石英-碳酸盐阶段(Guo et al., 2019;国显正,2020)。石英-钾长石阶段的主要矿物组合为石英、钾长石、黑云母和少量浸染状辉钼矿。石英-辉钼矿阶段以发育含辉钼矿石英脉为主要特征,辉钼矿多呈细脉状、网脉状和薄膜状。石英-多金属硫化物阶段表现为辉钼矿、黄铁矿、黄铜矿、闪锌矿、方铅矿等多种硫化物共同沉淀的特征,并伴随硅化、绢云母化、绿泥石化等多种蚀变的发育。石英-碳酸盐阶段为成矿晚阶段,主要形成石英-方解石细脉,并切穿早期硫化物细脉。

二、成矿时代

研究区内斑岩型铜钼矿床的成岩与成矿年代学研究显示(表 3-10 和图 3-25):热水矿床的辉钼矿 Re-Os 年龄为 234~230 Ma(国显正等,2016d;朱德全等,2018),其含矿(斑)岩体的锆石 U-Pb 年龄为 231±1 Ma(国显正等,2016b,c);多龙恰柔矿床的辉钼矿 Re-Os 年龄为 236±1 Ma,其含矿岩体的锆石 U-Pb 年龄为 238~237 Ma(国显正,2020);哈陇休玛矿床的辉钼矿 Re-Os 年龄为 224±1 Ma,其含矿斑岩体的锆石 U-Pb 年龄为 230~225 Ma(许庆林,2014;鲁海峰等,2017);托克妥矿床的含矿斑岩体的锆石 U-Pb 年龄为 233~232 Ma

(夏锐等,2014)。因此,对于单个的斑岩型铜钼矿床而言,其成岩与成矿在时间上具有强烈的耦合性(图 3-25)。总的来看,研究区内斑岩型铜钼矿床的成矿年龄为 236~224 Ma,形成于晚三叠世,与区内其他成矿系列的成矿时代一致。

表 3-10 东昆仑东段斑岩型铜钼多金属矿床成岩成矿年龄

矿床	测试对象	测试方法	年龄(Ma)	文献来源
热水	辉钼矿	Re-Os 同位素	230±3	国显正等,2016d
	辉钼矿	Re-Os 同位素	234±1	朱德全等,2018
	似斑状黑云母二长花岗岩	U-Pb 同位素	231±1	国显正等,2016b
	二长花岗岩	U-Pb 同位素	231±1	国显正等,2016c
多龙恰柔	辉钼矿	Re-Os 同位素	236±1	国显正,2020
	二长花岗岩	U-Pb 同位素	237±2	
	花岗闪长岩	U-Pb 同位素	238±2	
哈陇休玛	辉钼矿	Re-Os 同位素	224±1	鲁海峰等,2017
	花岗闪长斑岩	U-Pb 同位素	225±1	
	花岗闪长斑岩	U-Pb 同位素	230±1	许庆林,2014
托克妥	二长花岗斑岩	U-Pb 同位素	232±1	夏锐等,2014
	花岗闪长斑岩	U-Pb 同位素	233±1	

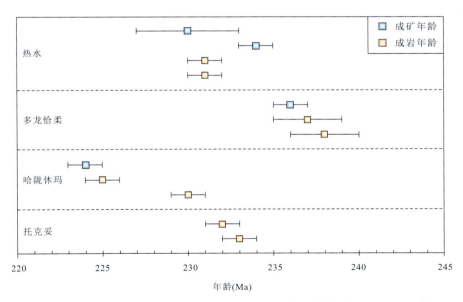

图 3-25 东昆仑东段斑岩型铜钼多金属矿床的成岩成矿年龄分布图(数据引用见表 3-10)

三、成矿流体性质与来源

东昆仑东段斑岩型铜钼矿床的成矿流体研究较为薄弱,目前仅在哈陇休玛和热水矿床中开展了少量的流体包裹体和 H-O 同位素研究(许庆林,2014;Guo et al.,2019)。前人研究结果显示,哈陇休玛钼(钨)矿床主要发育气液两相包裹体和含 CO_2 三相包裹体,显微测温所得的均一温度变化范围为 159.4~335.4 ℃,峰值为 280~340 ℃,成矿流体的盐度为 5.85~18.83wt‰.NaCl,密度为 0.65~0.74 g/cm³(许庆林,2014);而热水铜钼矿床主要发育气液两相包裹体、含 CO_2 三相包裹体和含子矿物包裹体,显微测温所得的均一温度变化范围为 198.3~376.8 ℃,主成矿阶段的均一温度峰值为 260~360 ℃,含子矿物包裹体和其余包裹体的盐度分别为 39.04~42.64 wt‰.NaCl 和 3.55~8.61wt‰.NaCl,成矿流体的密度为 0.63~1.13 g/cm³(Guo et al.,2019)。因此,研究区内斑岩型铜钼矿床的成矿流体整体属于中高温、中高盐度和中低密度的流体。

斑岩型铜钼矿床的 H-O 同位素研究显示,样品的数据点主要位于岩浆水附近,且有向大气降水漂移的趋势(图 3-26),因此,区内斑岩型铜钼矿床的成矿流体应主要来源于岩浆水,并有少量大气降水的混入(许庆林,2014)。

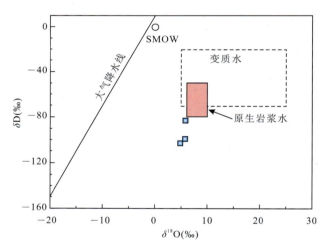

图 3-26 东昆仑东段斑岩型铜钼多金属矿床的 H-O 同位素组成

(据许庆林,2014 修改)

四、成矿物质来源

东昆仑东段斑岩型铜钼矿床的硫同位素数据显示(表 3-11),热水矿床硫化物的 $\delta^{34}S$ 值为 4.9‰~5.8‰,均值为 5.4‰(Guo et al.,2019);多龙恰柔矿床硫化物的 $\delta^{34}S$ 值为 1.9‰~5.2‰,均值为 3.5‰(国显正,2020);哈陇休玛矿床硫化物的 $\delta^{34}S$ 值为 5.5‰~5.7‰,均值为 5.6‰(许庆林,2014)。因此,研究区的斑岩型铜钼矿床总体具有变化范围较

窄的 $\delta^{34}S$ 值（1.9‰～5.8‰），与花岗岩和陨石的硫同位素组成相近（图3-27），指示其深部岩浆来源。

表3-11 东昆仑东段斑岩型铜钼多金属矿床的硫化物硫同位素组成

矿床	$\delta^{34}S$(‰)	数据来源	矿床	$\delta^{34}S$(‰)	数据来源
多龙恰柔	1.9	国显正,2020	哈陇休玛	5.7	许庆林,2014
	2.9		热水	4.9	Guo et al., 2019
	5.2			5.3	
	3.2			5.3	
	3.5			5.1	
	2.3			5.4	
	2.5			5.6	
	2.5			5.7	
	4.6			5.8	
	4.5			5.5	
	5.1			5.1	
哈陇休玛	5.5	许庆林,2014			

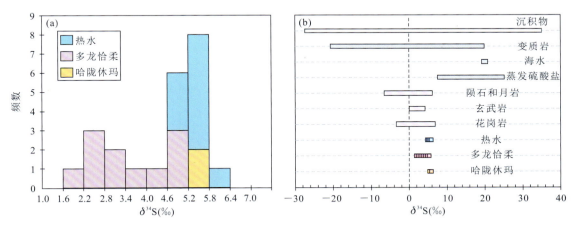

图3-27 东昆仑东段斑岩型铜钼多金属矿床的硫同位素组成（数据引用见表3-11）

东昆仑东段斑岩型铜钼矿床的铅同位素数据显示（表3-11），各矿床硫化物的 $^{206}Pb/^{204}Pb$ 值为 18.210～18.796，$^{207}Pb/^{204}Pb$ 值为 15.589～15.723，$^{208}Pb/^{204}Pb$ 值为 38.292～39.126，整体数据分布较为集中，显示相似的矿石铅来源。在铅同位素的增长曲线与构造环境判别图解中（图3-28 a～c），除一个数据点位于上地壳附近，其他数据点均位于造山带范围内,暗示矿床可能形成于造山带环境。Δβ-Δγ 成因分类图解显示(图 3-28 d),样品点主要落在上地壳与地幔混合的俯冲带岩浆作用铅范围内,表明矿石铅主要来源于壳幔混合岩浆。

上述硫-铅同位素示踪综合表明,东昆仑东段斑岩型铜钼矿床的成矿物质主要来源于造山带环境下的深部壳幔混合岩浆。

表 3-12 东昆仑东段斑岩型铜钼多金属矿床的硫化物铅同位素组成

矿床	$^{206}Pb/^{204}Pb$	$^{207}Pb/^{204}Pb$	$^{208}Pb/^{204}Pb$	Δβ	Δγ	数据来源
多龙恰柔	18.392	15.608	38.449	18.88	36.36	国显正,2020
	18.563	15.636	38.601	20.72	40.45	
	18.796	15.621	38.673	19.74	42.37	
	18.471	15.609	38.509	18.95	37.95	
	18.365	15.612	38.449	19.11	36.33	
	18.313	15.608	38.401	18.89	35.05	
	18.314	15.608	38.402	18.90	35.08	
	18.315	15.608	38.401	18.85	35.05	
	18.315	15.608	38.401	18.89	35.06	
	18.317	15.609	38.406	18.92	35.18	
	18.315	15.609	38.408	18.96	35.24	
	18.317	15.610	38.407	19.00	35.22	
热水	18.578	15.595	38.292	18.01	31.95	Guo et al.,2019
	18.356	15.602	38.406	18.46	35.02	
	18.355	15.589	38.354	17.62	33.62	
	18.401	15.629	38.509	20.23	37.80	
	18.374	15.617	38.431	19.44	35.69	
	18.316	15.640	38.460	20.94	36.47	
	18.210	15.636	38.298	20.68	32.11	
	18.786	15.723	39.126	26.36	54.42	

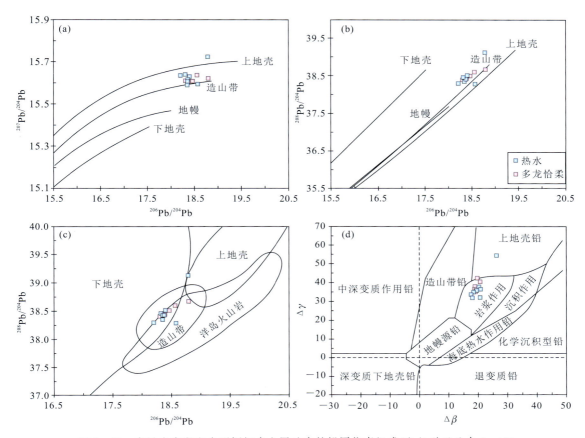

图 3-28 东昆仑东段斑岩型铜钼多金属矿床的铅同位素组成（数据引用见表 3-12）

第五节 成岩成矿动力学背景

东昆仑造山带位于特提斯域东部，经历了复杂的构造-岩浆活动，完整记录了早古生代原特提斯洋和晚古生代—早中生代古特提斯洋的演化过程（莫宣学等，2007；陈加杰，2018；国显正，2020；赵旭，2020）。而昆中断裂带（昆中缝合带）和昆南断裂带（布青山蛇绿混杂岩带）分别代表了原特提斯洋和古特提斯洋的闭合边界（陈加杰等，2016）。

在新元古代，随着劳亚大陆的裂解，原特提斯洋打开（Dalziel，1997；Lu et al.，2008；Bogdanova et al.，2009）。在东昆仑地区的昆中断裂带内，清水泉蛇绿岩中辉长岩的锆石 U-Pb 年龄为 528~522 Ma，代表着原特提斯洋壳的残留，表明此时（早古生代）洋盆仍处于扩张阶段（Yang et al.，1996；陆松年等，2002）。东昆仑可可沙地区加里东期（515±4 Ma）

的石英闪长岩具有弧岩浆岩的特征,指示着原特提斯洋的初始北向俯冲(张亚峰等,2010)。昆中断裂北侧都兰县地区 448 Ma 左右的岛弧火山岩也是此次北向俯冲的产物(Chen et al.,2002)。此外,受俯冲作用的影响弧后发生裂解形成弧后盆地,并伴随与弧后拉张相关的二长花岗岩和辉绿岩脉发育(458～436 Ma;任军虎等,2009;高晓峰等,2010)。在昆中断裂以南,前人的年代学及地球化学研究识别出了以敖洼得侵入岩为代表的火山弧(454±2 Ma;陈加杰等,2016)和以纳赤台群火山岩为代表的弧后盆地(474～438 Ma;张耀玲等,2010;陈有炘等,2013;刘彬等,2013),并据此提出早古生代原特提斯洋的南北双向俯冲模式(陈加杰等,2016)。目前,关于原特提斯洋的具体闭合时限仍存在争议,存在 436 Ma(Li et al.,2015)、430 Ma(Zhang et al.,2014)、401 Ma(朱云海等,2005)等不同观点。但值得注意的是,在东昆仑地区发育有一条晚志留世—中泥盆世(425～391 Ma;图 3-29)的 A 型花岗岩带,其形成于后碰撞造山环境,指示原特提斯洋的闭合及随后的陆陆碰撞在晚志留世(约 425 Ma)之前就已经结束(陈加杰,2018)。

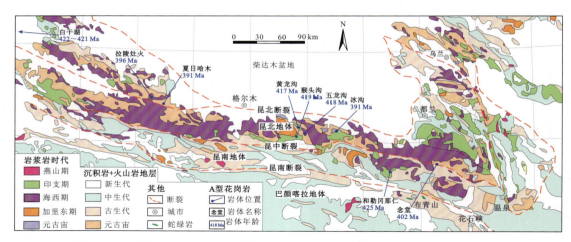

图 3-29　东昆仑地区志留纪—泥盆纪 A 型花岗岩空间分布(据陈加杰,2018 修改)

至晚古生代,东昆仑地区卷入古特提斯构造旋回(莫宣学等,2007),并诱发大面积晚古生代—早中生代岩浆岩的发育(图 3-30)。昆南缝合带内德尔尼和哈拉郭勒蛇绿岩的出现指示古特提斯洋在早石炭世(345～333 Ma)已经打开(Chen et al.,2001;刘战庆等,2011)。晚古生代以来,东昆仑地区报道的与俯冲作用相关的岩浆岩最早就位于早二叠世(278±3 Ma),表明古特提斯洋初始俯冲的时间可能为早二叠世(马昌前等,2013;图 3-27)。坑得弄舍地区 266 Ma 的辉长岩和 257 Ma 的 S 型花岗岩均显示弧后盆地的亲缘性,此时区域上的上二叠统格曲组(260～252 Ma)也具有盆地相沉积的特征,指示古特提斯洋在晚二叠世进入弧后拉张阶段(Zhao et al.,2019,2020;图 3-27)。随后(255～240 Ma),古特提斯洋进入持续俯冲阶段,在东昆仑地区形成大量该时期的含镁铁质包体的弧花岗类岩石(陈加杰,

2018；赵旭，2020；图 3-26、图 3-27）。坑得弄舍地区中三叠世（240±2 Ma；Zhao et al.，2020）的流纹质凝灰岩具有 S 型花岗岩的特征，该期岩浆事件对应于海相的希里可特组与陆相的八宝山组之间的不整合接触面（约 237 Ma；Chen et al.，2017），表明古特提斯洋在中三叠世（约 240 Ma）进入陆陆碰撞阶段，自此东昆仑地区进入了陆相沉积阶段（八宝山组和羊曲组）（Chen et al.，2017；Zhao et al.，2020）。前人在昆北地体中报道了与后碰撞伸展相关的 A 型花岗岩（231±4 Ma），指示古特提斯洋在 231 Ma 左右就进入后碰撞环境（奚仁刚等，2010）。区域上晚三叠世的基性脉岩（约 226 Ma）具有混合地幔的来源（Liu et al.，2017），同时期的高 Ba-Sr 和高 Sr/Y 花岗岩（225～223 Ma）亦显示加厚下地壳熔体与岩石圈地幔熔体混合的来源（Xia et al.，2014；Xiong et al.，2014），再次证明此时东昆仑地区处于后碰撞环境，并伴随着岩石圈的拆沉或俯冲板片的断离（Liu et al.，2017）。

东昆仑造山带东段亦经历了完整的原特提斯洋和古特提斯洋的演化过程，尤以古特提斯的构造-岩浆活动最为强烈，在研究区产生了大量的岩浆岩及相关的多金属矿产。前述分析表明，研究区内的脉型金矿床、脉型银铅锌多金属矿床及矽卡岩型铁铜钨多金属矿床均主要形成于晚三叠世（236～203 Ma），研究区及整个昆北地体中与成矿相关的岩浆岩也主要形成于中—晚三叠世（241～210 Ma），此时古特提斯洋已进入陆陆碰撞阶段（Chen et al.，2017；Zhao et al.，2020；图 3-30、图 3-31），表明研究区内的成矿作用具有统一的动力学背景，均是东昆仑造山带晚三叠世陆陆碰撞及后碰撞伸展作用的产物。

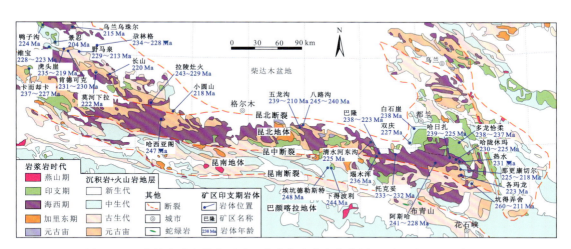

图 3-30　东昆仑造山带典型矿区印支期岩浆岩分布图（据陈加杰，2018 修改）

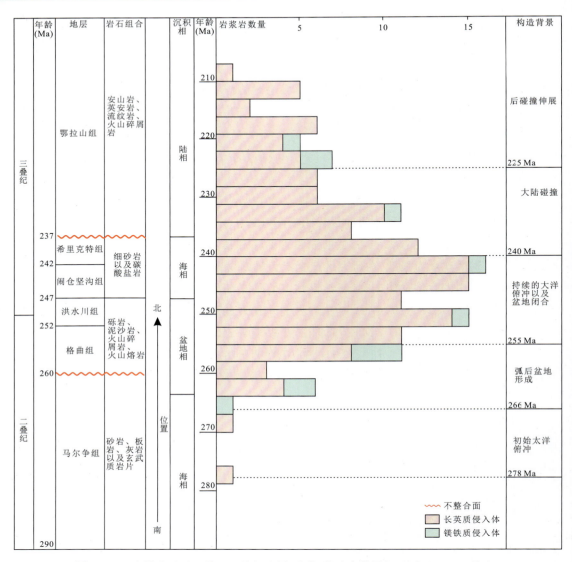

图 3-31　东昆仑地区二叠—三叠纪地层-岩浆-构造变化图解（据赵旭，2020 修改）

第六节　中—晚三叠世岩浆-热液成矿系统模式

前述分析表明，东昆仑东段内的脉型金矿床、脉型银铅锌多金属矿床及矽卡岩型铁铜钨多金属矿床均主要形成于晚三叠世（236～203 Ma），成矿时具有相似的成矿构造背景，形成于陆陆碰撞及后碰撞伸展构造背景。鉴于研究区内矿床的成矿年代学研究基础相对薄弱，本书对研究区外围、同属东昆北地体中的各类型矿床及与成矿密切相关的岩浆岩进行了系统的统计分析（图 3-32）。

第三章 成矿系列与成矿系统

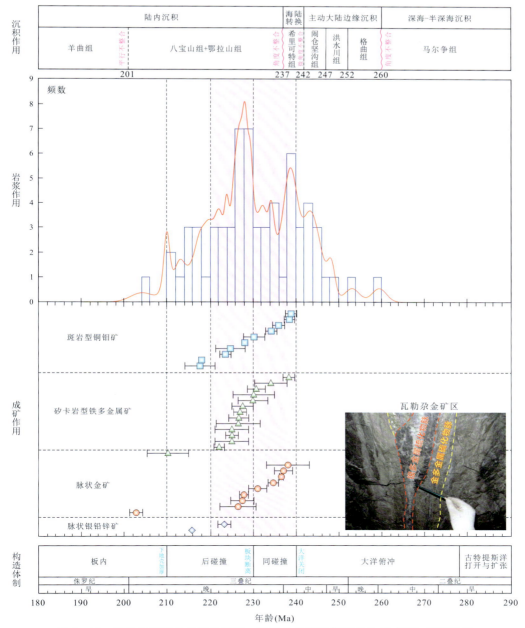

图 3-32 东昆仑东段及外围地区中—晚三叠世成矿作用及地层-构造-岩浆响应

(数据引自张德全等,2005;刘云华等,2006a;余宏全等,2007;李世金等,2008;丰成友等,2009,2010,2011,2012;王松等,2009;奚仁刚等,2010;陆露,2011;高永宝等,2012,2014a;刘建楠等,2012,2017;严玉峰等,2012;陈静等,2013;陈向阳等,2013;李金超等,2013;时超等,2013;宋忠宝等,2013;田承盛等,2013;王富春等,2013;杨延乾等,2013;尹利君等,2013;岳维好等,2013;张激悟等,2013;张雷等,2013;Ding et al.,2014;肖晔等,2013,2014;许庆林,2014;孔会磊等,2015;钱兵等,2015;Li et al.,2015;南卡俄吾等,2015;Xia et al.,2015a;周建厚等,2015;国显正等,2016d,2019;李金超,2017;鲁海峰等,2017;王春辉,2017;夏锐,2017;李艳军等,2017;Zhang et al.,2017;代成,2018;陈加杰,2018;Fang et al.,2018;朱德全等,2018;Qu et al.,2019;武亚峰,2019;燕正君,2019;尹烁,2019;张志颖,2019;Liang et al.,2019;Gao et al.,2020;国显正,2020;Cao et al.,2021;Fan et al.,2021;谷子成等,2021;黄啸坤,2021;Liang et al.,2021)

统计结果显示,研究区及外围与成矿密切相关的岩浆岩呈现出 3 个年龄峰,峰值分别为 239 Ma、228 Ma 和 210 Ma,这 3 个峰值恰好分别对应于东昆仑古特提斯洋的闭合、板块断离及下地壳增厚的时间(图 3-28),显示出构造与岩浆活动的耦合性。此外,这些岩浆岩集中产出于 246~220 Ma 之间,无独有偶,区内各类型矿床的成矿时代也整体集中于 240~220 Ma 之间(图 3-28),指示构造-岩浆作用与成矿时间上的强烈耦合性。从矿床类型角度来看,不同类型的矿床具有相似的成矿时代,但斑岩型矿床形成时间稍早,然后为矽卡岩型和脉型金矿,脉型银铅锌矿则形成时间最晚;野外调研在瓦勒尕金矿中发现了后期的银多金属矿脉穿插金多金属硫化物脉(图 3-28),也证明了区内脉型银铅锌矿形成时间相对较晚。

东昆仑东段不同类型矿床的 H-O 同位素组成及范围具有相似性(图 3-33),除少数样品位于岩浆水范围外,大部分位于岩浆水与大气降水线之间,表明成矿流体主要来自岩浆体系,但在流体循环演化过程中有大气降水等外部流体的混入。研究区与外围地区的 H-O 同位素组成具有可比性,两者显示出相似的变化规律。总的来看,斑岩型铜钼矿和脉型金矿的数据点更靠近岩浆水范围,而矽卡岩型铁铜钨矿更靠近大气降水,脉型银铅锌矿则位于两者之间,从斑岩型铜钼矿床/脉型金矿床→脉型银铅锌矿床→矽卡岩型铁铜钨矿床,大气降水混入比例呈逐渐增加的趋势(图 3-33)。在稀有气体组成图解中,脉型金矿和脉型银铅锌矿的数据点均位于地幔氦与地壳氦之间,且更靠近于地壳单元(图 3-34),说明区内不同类型矿床的成矿流体均来源于地壳流体,并有大气降水和地幔流体的混入。

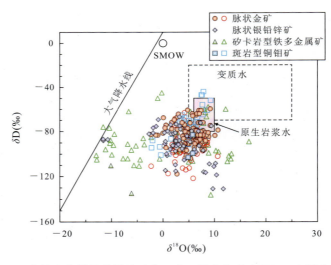

图 3-33 东昆仑东段及外围地区中—晚三叠世典型矿床 H-O 同位素组成

(实心点代表研究区数据,引自李碧乐等,2012;王冠,2012;丁清峰等,2013;岳维好,2013;段宏伟,2014;何财福,2014;何朝鑫,2014;蒋明光,2014;陶斤金,2014;肖晔等,2014;窦光源等,2016;陈加杰,2018;Chen et al.,2019;张志颖,2019;赵旭,2020;Zhao et al.,2021;Fan et al.,2021;黄啸坤,2021;空心点代表研究区外围数据,引自丰成友,2002;苏松,2011;何英和张江,2012;于淼等,2014,2015;Fang et al.,2015;王铜,2015;刘飞,2017;马慧英等,2017;Zhang et al.,2017;钟世华,2017;张宇婷,2018;Zhong et al.,2018;宋凯,2019;程龙,2020;刘鹏等,2020;姜芷筠,2021;Li et al.,2021a;赵拓飞,2021)

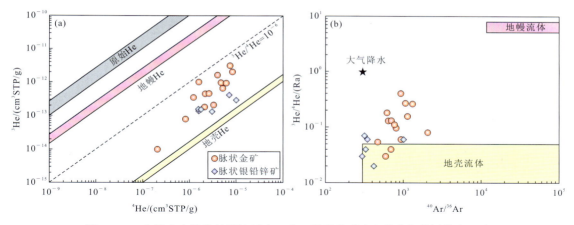

图 3-34　东昆仑东段及外围地区中—晚三叠世典型矿床稀有气体同位素组成
（数据引自赵旭，2020；Li et al.，2021a；Zhao et al.，2021）

在硫同位素组成上，东昆仑东段不同类型矿床的硫同位素总体呈现塔式分布的特征，数据集中于−4‰～8‰之间，峰值为2‰～4‰（图3-35 a），显示深源岩浆硫的来源。其中，斑岩型铜钼矿和矽卡岩型铁铜钨矿的硫同位素均位于0附近，分布范围与花岗岩及陨石/月岩的硫同位素组成大致相当（图3-35b），指示其深部岩浆来源（Ohmoto and Rye，1979；Li et al.，2012）。脉型金矿和脉型银铅锌矿则具有较大分布范围的硫同位素组成，其 $\delta^{34}S$ 值分别为−8‰～12‰和−8‰～30‰（图3-35）。在脉型金矿中，$\delta^{34}S$ 值集中于2‰～8‰，明显正向偏离陨石或地幔岩石（玄武岩）的硫同位素组成，显示富 $\delta^{34}S$ 的特征。脉型金矿的这种硫同位素可能由以下两个原因导致：①有变质地壳硫的混入（李金超，2017）；②交代地幔楔的脱气作用（Ionov et al.，1992）。此外，脉型金矿中还有少量数据点处于负值区，这可能与含碳质围岩中的硫混入成矿流体有关，典型的如果洛龙洼金矿（李金超，2017；陈加杰，2018）。在脉型银铅锌矿中，$\delta^{34}S$ 值集中于−4‰～0之间，负向偏离于0，这可能与大气降水的混入有关；大气降水混入时，成矿流体的氧逸度升高，从而导致硫化物的 $\delta^{34}S$ 值减小（Neumayr et al.，2008；Ward et al.，2017），这一推论与前述 H-O 同位素的示踪结果相一致。此外，脉型银铅锌矿中还有少量数据点位于高值区（$\delta^{34}S$ 值高达30‰），这可能与海相蒸发岩的混入有关，典型的如坑得弄舍多金属矿床（何财福，2014；刘颜等，2018；张志尉等，2020）。再者，将研究区与外围地区相比，各类型的矿床整体具有相似的硫同位素组成和分布范围（图3-35b），指示东昆仑东段乃至整个东昆北地体内中—晚三叠世的成矿作用具有相似的硫源。

在铅同位素组成上，东昆仑东段及外围地区不同类型矿床的铅同位素总体具有相似的分布范围且大致呈线性分布（图3-36），指示它们可能具有相似的铅源。在 $^{207}Pb/^{204}Pb-^{206}Pb/^{204}Pb$ 图解中（图3-36a），数据点主要位于造山带线附近，显示其造山带的成矿构造背景，这与前述的大地构造背景研究结论一致。$\Delta\beta-\Delta\gamma$ 图解显示（图3-36b），区内各类型矿床的数据点主要落在上地壳与地幔混合的俯冲带岩浆作用铅范围内，指示成矿物质可能主要来源于壳幔混合的岩浆；少量脉型银铅锌和矽卡岩型铁铜钨矿床的数据点

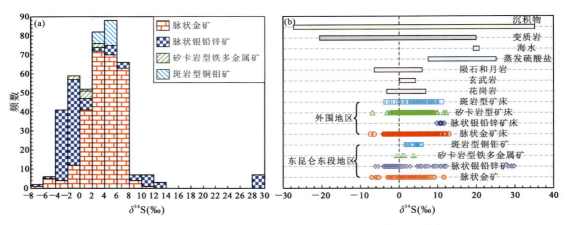

图 3-35 东昆仑东段及外围地区中—晚三叠世典型矿床硫同位素组成

(实心点代表研究区数据,引自胡荣国,2008;李碧乐等,2012;岳维好,2013;张潋悟,2013;段宏伟,2014;何财福,2014;何朝鑫,2014;蒋明光,2014;李金超,2017;李敏同和李忠权,2017;徐崇文等,2020;张斌,2017;陈加杰,2018;Chen et al.,2019;国显正,2020;Fan et al.,2021;黄啸坤,2021;Liang et al.,2021;Zhao et al.,2021;空心点代表研究区外围数据,引自刘云华等,2006b;佘宏全等,2007;李宏录等,2008;吴庭祥和李宏录,2009;徐国端,2010;马圣钞等,2012;田承盛,2012;张晓飞,2012;高永宝等,2013,2014;肖畔等,2013;张雷,2013;段宏伟,2014;孔德峰,2014;雷源保等,2014;许庆林,2014;王松和丰成友,2014;Fang et al.,2015;赖健清等,2015;乔保星等,2015;王铜,2015;Zuo et al.,2015;Ding et al.,2016;陶诗龙等,2016;詹小弟,2016;李金超,2017;刘飞,2017;Zhang et al.,2017;张宇婷,2018;Zhong et al.,2018;Guo et al.,2019;宋凯,2019;曹丽,2020;程龙,2020;Gao et al.,2020;姜芷筠,2021;Li et al.,2021a;张圆圆等,2020)

位于上地壳铅范围内,表明有少量的上地壳物质混入。将研究区内各类型矿床的铅同位素与古老变质岩(赋存于地层中矿床的赋矿围岩)、俯冲阶段弧岩浆岩及碰撞/后碰撞岩浆岩的铅同位素进行对比(图 3-36c、d),结果显示,矿石铅与碰撞/后碰撞岩浆岩的铅同位素组成具有相似性,而与俯冲阶段弧岩浆岩的铅同位素组成差别较大(两者斜率完全不同),进一步表明区内各类型矿床的矿石铅主要来源于中—晚三叠世的岩浆作用。此外,赋矿的古老变质岩显示出较大变化范围的铅同位素组成,且与矿石铅具有一定的交集(图 3-36c、d),指示可能有少量的地层铅的混入,这与前述硫同位素的示踪结果相一致。

综上所述,在研究区及外围的东昆北地体中,中生代的成矿作用主要包括 4 种类型,即斑岩型铜钼矿、矽卡岩型铁铜钨矿、脉型金矿和脉型银铅锌矿。各类型矿床具有相似的成矿年龄,均集中于中—晚三叠世(240～220 Ma),对应于古特提斯洋的陆陆碰撞及后碰撞构造背景。H—O—He—Ar—S—Pb 同位素示踪表明,区内各类型矿床具有相似的成矿流体与成矿物质来源,其中,成矿流体来源以深源岩浆水为主,有大气降水的混入;成矿物质亦主要来源于壳幔混合岩浆,有少量上地壳物质(变质地层)的混入。此外,前人通过扫描电镜等手段在脉型金矿(如阿斯哈金矿床;陈广俊,2014)和脉型银铅锌矿(如那更康切尔银矿床;李浩然,2021)中均发现了碲化物和铋化物,从矿物学角度进一步佐证了成矿物质具有深部岩浆来源(可能部分来源于地幔)的特征。鉴于这 4 类矿床紧密的时空及物源联系,且均与中—

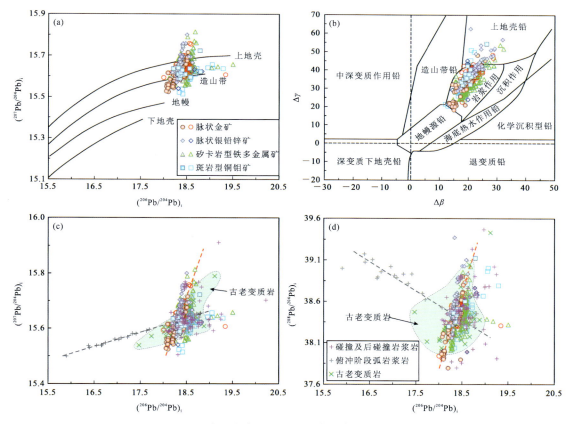

图3-36 东昆仑东段地区中生代矿床铅同位素组成

(实心点代表研究区数据,引自胡荣国,2008;岳维好,2013;何财福,2014;蒋明光,2014;李金超,2017;李敏同和李忠权,2017;徐崇文等,2017;张斌,2017;陈加杰,2018;Chen et al.,2019;国显正,2020;Fan et al.,2021;黄啸坤,2021;Zhao et al.,2021;空心点代表研究区外围数据,引自刘云华等,2006b;徐国端,2010;马圣钞等,2012;田承盛,2012;张晓飞,2012;高永宝等,2013,2014b;黄敏等,2013;张雷,2013;段宏伟,2014;孔德峰,2014;雷源保等,2014;许庆林,2014;王松和丰成友,2014;Fang et al.,2015;赖健清等,2015;王铜,2015;Ding et al.,2016;陶诗龙等,2016;李金超,2017;刘飞,2017;夏锐,2017;Zhang et al.,2017;张宇婷,2018;Zhong et al.,2018;Guo et al.,2019;宋凯,2019;程龙,2020;Gao et al.,2020;姜芷筠,2021;张圆圆等,2022;碰撞及后碰撞岩浆岩数据引自丰成友等,2011,2012;马圣钞等,2012;Fang et al.,2015;Ding et al.,2016;Hu et al.,2016;Yin et al.,2017;Chen et al.,2019;Xin et al.,2019;徐博等,2020;黄啸坤,2021;俯冲阶段弧岩浆岩据李玉春等,2013;Huang et al.,2014;Chen et al.,2015;Xia et al.,2015b,2017;古老变质岩据Fang et al.,2015;Ding et al.,2016;刘飞,2017;陈加杰,2018)

晚三叠世的深部岩浆作用具有密切的成因联系,它们很可能形成于一个巨型的区域岩浆-热液的成矿体系,岩浆活动及岩浆-热液驱动的地壳流体活动形成了多种不同类型的矿床组合。基于此,本书建立了东昆仑东段地区晚三叠世脉型金矿、斑岩型铜钼矿、矽卡岩型铁铜钨矿和脉型银铅锌矿的综合岩浆-构造成矿模式(图3-37)。

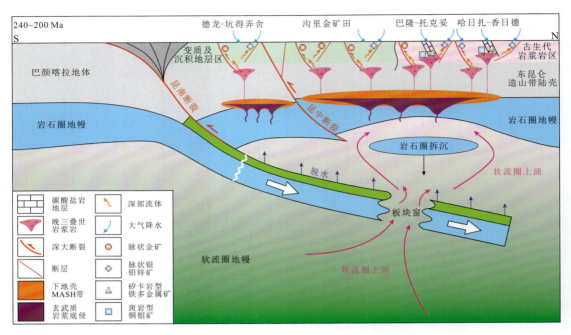

图3-37 东昆仑东段地区晚三叠世成矿模式示意图及不同矿床类型间的成因联系

在中三叠世晚期（约240 Ma），古特提斯洋开始闭合，巴颜喀拉地体与东昆仑地体发生陆陆碰撞，随后深俯冲到软流圈地幔的洋壳由于重力失稳等原因发生板块断离，产生"板块窗"现象并伴随着软流圈地幔的大规模上涌及随后岩石圈的拆沉（图3-37）。在此过程中，深俯冲的洋壳大量脱水，并交代地幔楔，上涌的软流圈地幔则提供了大量的热量，导致区内岩石圈/软流圈地幔发生部分熔融，产生大规模的玄武质岩浆。玄武质岩浆的底侵作用诱发东昆仑下地壳发生部分熔融及随后的壳幔岩浆混合与不同程度的MASH过程（即熔融—同化—储存—均一化过程）。这一过程导致深部岩浆房内的硫化物发生饱和熔离，形成富含金、银、铜等成矿物质的岩浆。在热力学状态应力的作用下，这些富含成矿物质的岩浆上侵到浅部地壳，并由于分离结晶及温压降低等作用，出溶形成富含成矿物质的成矿流体。富含铜、钼等金属元素的中高温成矿流体在岩体顶部及附近形成斑岩型铜钼矿床，如研究区内的托克妥铜金矿床、热水铜钼矿床及外围的加当根铜钼矿床等。如果岩体周围发育含碳酸盐岩地层，成矿流体与之反应发生矽卡岩化，形成矽卡岩型铁铜钨矿床，如区内的双庆、古卜扎勒铁铜锡矿床和清泉沟铜多金属矿床等。成矿流体还可沿深大断裂及次级断裂向浅部运移，并在构造有利部位形成热液脉型金矿及银铅锌多金属矿。脉型金矿床在形成过程中可能有少量变质流体及还原性围岩物质混入，如果洛龙洼金矿床（丁清峰等，2013；李金超，2017）；脉型银铅锌多金属矿床在成矿过程中有明显的大气降水及少量上地壳物质的混入，如哈日扎银多金属矿床（Fan et al.，2021）和那更康切尔银多金属矿床（李敏同和李忠权，2017）。

第四章　综合勘查技术应用与研究

第一节　大比例尺构造-蚀变填图与找矿信息提取

大比例尺地质填图是对重要的构造现象、成矿地质体、含矿层位、蚀变带、矿(化)带、矿(化)体、手标本等所反映的地质现象进行观察与记录。它不仅是总结成矿规律、深入认识矿床地质特征、系统研究矿床成因类型的基础,成果对于矿田-矿床-矿体尺度的资源评价和勘查工作部署也具有重要意义(郑义,2022;杨志明等,2012;陈静等,2020;方维萱,2016;陈衍景等,2020)。以解决困扰找矿的实际问题出发,针对制约成矿的目标地质体,采用大比例尺专项填图的方法展开调查,具有更强的目的性、灵活性、科研性,可以更好地阐明各期各尺度构造及各类型围岩蚀变与成矿作用的关系。

果洛龙洼金矿床与瓦勒尕金矿床是研究区内典型的脉状金矿床,前者赋存在古老变质岩中,后者赋矿围岩以中酸性岩浆岩为主。早期的工作表明,断裂构造是控制矿体规模和空间展布的关键因素。但由于缺乏系统的宏观、微观综合调查和研究,对矿区构造类型、演化时序、含矿构造空间匹配关系等问题的认识一直模糊不清,不仅限制了勘查人员深入理解断裂构造对矿体空间展布规律的控制作用,也在一定程度上制约了本区深部及外围找矿的进一步突破。鉴于此,青海省有色地质矿产勘查局与中国地质大学(武汉)在选取果洛龙洼和瓦勒尕金矿开展了大比例尺构造-蚀变专项填图工作,从宏观和微观两个层面对矿区构造系统进行详细调查与研究,厘定了矿区的构造类型及序次,分析含矿构造性质及组合关系,并进一步解剖其对工业矿体定位规律的控制,为实现矿区深部、边部找矿突破提供依据。

一、果洛龙洼金矿床构造宏观、微观特征

通过野外剖面测制及构造-蚀变专题填图掌握的信息来看,果洛龙洼矿区内构造活动大致经历了4期,分别发育在韧性变形及脆性变形两个不同的构造层次下。

第一期构造活动属韧性变形,其层次较深,由于后期强烈的构造活动及改造,在矿区的分布较为局限,仅在Ⅰ号矿带和Ⅵ号矿带附近有出露,主要发育在千糜岩中,主要表现为无根揉皱石英脉的定向排列,为韧性变形环境下表现出来的矿物塑形流变。运动学上,此期构造活动在平面上表现为东西向左行剪切(图4-1)。

第二期构造活动仍属韧性变形,其构造层次仍然较深。该期构造在整个矿区范围内发

育十分广泛,在砾岩、千糜岩及千枚岩等岩石中都有发育,揉皱、旋转碎斑等构造现象十分普遍(图4-2c、d)。区内各类运动学标志指示该期东西向韧性剪切变形构造运动学性质应为右行逆冲(图4-2)。

图4-1 第一期韧性变形构造
a. 石英脉在较深层次应力作用下发生的变形;b. 石英碎斑及其周围岩石的塑性变形

图4-2 第二期韧性变形构造
a. 千糜岩中发育的揉皱;b. 千糜岩中发育的不对称褶皱;c. 千糜岩中发育的揉皱石英脉,无根褶皱;
d. 糜棱岩中发育的石英旋转碎斑

第四章 综合勘查技术应用与研究

第三期构造在矿区内普遍发育,主要表现为强烈的劈理化和脆性剪节理,应属脆性构造层次下挤压应力场作用的产物。该期构造致使矿区地层中均发育近东西向展布的陡倾面理,面理绝大多数向南倾,其中矿区中部的千糜岩表现得尤为突出(图4-3a～c)。区内能干性相对较强的岩石(闪长岩)中则发育的脆性剪节理(图4-3d)。在野外路线地质调查时,系统地测量了各种线理、面理的产状,分岩性对劈理和节理以及射赤平投影和走向玫瑰花图进行统计和分析,从图4-4中可以得出本期脆性变形的主压应力方向应为近南北向。

图4-3 第三期脆性变形构造
a—c. 千糜岩强烈劈理化;d. 闪长岩中发育的共轭节理

第四期构造活动为近东西向正断裂,在剖面测量及路线地质调查过程中观察到矿区内多处早期韧性变形及劈理化的岩石呈透镜状被卷入这期构造活动中。本期断裂产状较陡,断裂内部构造角砾发育(图4-5)。

在野外已经观察到矿区内宏观剪切运动标志较为发育,主要有旋转碎斑系、揉皱、糜棱岩面理等(图4-1、图4-2)。笔者团队在路线地质调查期间采集了第一期到第三期定向构造标本,制作了定向标本薄片,以观察矿区构造的微观特征。

在构造薄片中可清晰辨别出矿区岩石所经历的构造活动有早期的韧性变形和晚期的脆性变形(图4-6)。矿区早期构造岩表现出较强的塑性流动构造特征,定向排列明显。而晚期构造变形的岩石,矿物比较破碎。

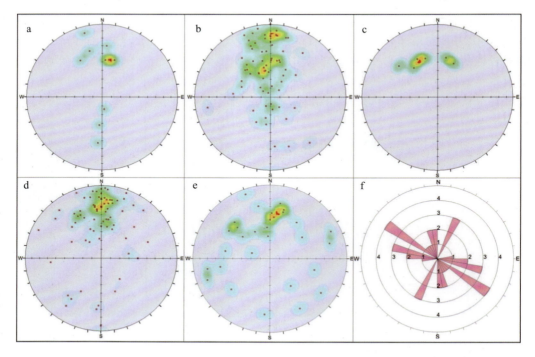

图4-4 矿区分岩性劈理、含矿断裂下半球等面积投影(a~e)与闪长岩节理走向玫瑰花图(f)
a. 变砂岩劈理投影;b. 变砾岩劈理投影;c. 大理岩劈理投影;d. 千糜岩(赋矿围岩)劈理投影;
e. 含矿断裂面投影;f. 闪长岩节理走向玫瑰花图。用Dips作图,面投影为其法线投影

图4-5 第四期脆性变形构造
a. 矿区中部东西向高角度正断裂;b. 断裂内部的断层角砾

第一期构造标本采自Ⅰ号矿带附近。以石英为主的矿物表现出较强的塑性变形,由于后期多次叠加构造活动的改造,矿物也表现出破碎的特征(图4-6a)。主要矿物有石英、长石、绢云母等。从其残留的旋转碎斑中,可以判别其为左行韧性剪切(图4-6b)。

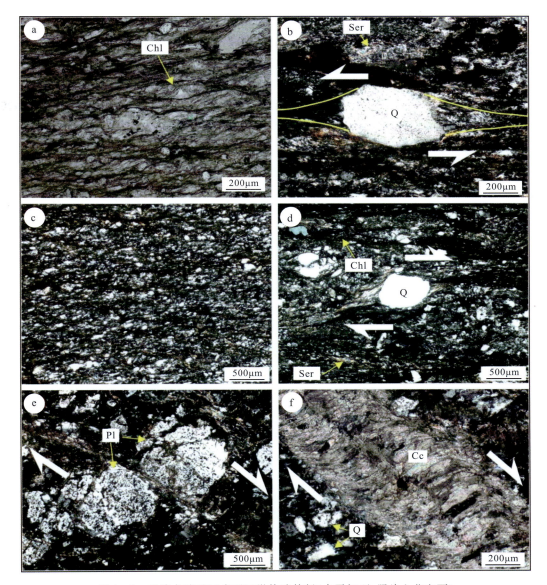

图 4-6　果洛龙洼矿区岩石显微构造特征（水平切面，照片上北左西）

a. 糜棱岩化变砾岩变形较强，绿泥石生长于石英裂隙和颗粒间；b. 石英δ型旋转碎斑指示早期左行剪切；c. 千糜岩中石英、长石等矿物十分破碎，石英及新生绢云母定向明显；d. 石英δ型旋转碎斑指示第二期右行剪切；e、f. 破裂的长石碎斑、裂隙中生长的方解石脉，表明岩石已经处于脆性变形环境，显示由南北向挤压应力产生的剪裂。Q. 石英；Pl. 长石；Ser. 绢云母；Chl. 绿泥石；Cc. 方解石

第二期构造标本采自靠近矿区中部的千糜岩，在镜下观察其矿物有塑性变形，但已十分破碎，主要矿物有石英、长石、绢云母、绿泥石、方解石等。新生的绢云母、变形的石英呈东西向定向排列，旋转碎斑指示其运动学特征为右行剪切（图4-6d）。

第三期构造标本采自矿区中部的闪长岩,主要矿物有石英、长石、蚀变角闪石、绢云母、方解石等。在镜下观察到所采集的标本中发育一组北西向剪裂隙被方解石充填,从长石的位错和方解石生长变形纹可以判断这组剪裂隙运动方向为右行(图4-6e、f),进一步可知该期构造运动的主应力为南北向的挤压应力。

构造岩中新生绢云母、绿泥石普遍发育(图4-6b、d),绿泥石一般呈束状填充在石英、长石等矿物的裂隙中。在构造岩中还可见碳酸盐化。从矿物组合看,可将岩石变质级别划在绿片岩相内。

二、瓦勒尕金矿床构造宏观、微观特征

结合区域综合地质路线调查及专题填图成果,可将瓦勒尕金矿区内的构造划分为4个期次。

第一期为区域内岩体中发育的成矿前韧性流变构造,所对应的区域主压应力方向应为北东-南西向。该期构造活动的表现形式之一主要为区内黑云母花岗岩内广泛发育的矿物定向,经过挤压变形后,黑云母花岗岩内部的黑云母表现出明显的定向构造,野外观测获得的线理产状约为300°∠16°(图4-7a、b)。另外,在AuⅥ号矿带南延地段的综合地质路线调

图4-7 黑云母花岗岩内部的黑云母定向及韧性剪切带(镜下方位上北左西)
黑云母定向(a、b)、岩石中强烈片麻理(c、d)、黑云母定向镜下特征(e~h)、蠕虫结构(i)

查过程中发现(L403,D4238),沿途存在一条北东走向的强变形带,该带原岩为黑云母花岗岩,变形后岩石内部片麻理极为明显,片麻理产状为125°∠56°,平面上指示右行剪切(图4-7c、d),这些现象与镜下鉴定特征基本一致,另见长石在应力作用下发育蠕英结构(图4-7e~i)。综合研究表明,上述构造为区内较早的构造形迹,应为岩浆岩内部发育的韧性流变构造,主压应力方向应为北东-南西向,多被后期节理、断层等破坏。

第二期构造活动主要表现为区内普遍发育的成矿前脆性解理及右行剪切性质的北东向断层,同时区内黑云母花岗岩普遍发育"X"形脆性共轭剪节理(图4-8a~c)。据统计得出,两组共轭剪节理的走向分别为近东西向/北西西向与北东向,与之对应的主压应力方向应为北东东向,在该期构造活动过程中,可能形成的还有沿北东向节理发育的断裂构造。根据安德森模式及大致估计的主压应力方向,北东向断裂构造的运动学形式应为右行剪切,这一构造活动的产物与笔者团队在AuⅥ坑道内观测到的透镜体指示的北东向成矿前断裂的右行剪切运动基本一致(图4-8d)。

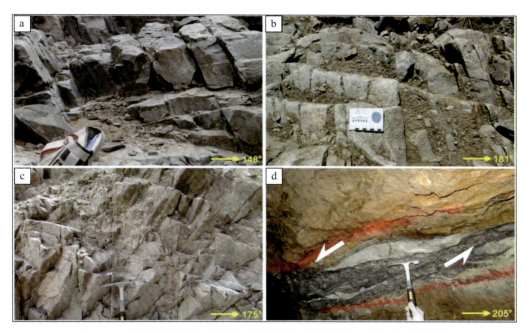

图4-8 黑云母花岗岩内部的脆性节理及北东向断层内部的构造透镜体
共轭脆性剪解理(a~c)、围岩透镜体指示右行(d)

第三期构造为主成矿期构造。区内含矿构造按照走向可分为北东/北北东向及北西向两组,出露于近东西向断裂之中,为近东西向构造的次级构造,呈雁列式分布,为控矿和容矿构造。

区内北东-北北东向含矿构造主要包括色日Ⅰ号脉、瓦勒尕AuⅥ及AuⅠ号脉。根据对AuⅥ矿带坑道内部的调查可知,北东向含矿构造在平面上为左行剪切运动,上盘具有向下滑落的趋势,即成矿期北东向含矿断裂应为左行剪切正断层(图4-9)。区内北西向含矿断裂与北东向含矿断裂的夹角基本稳定,维持在30°～45°左右,应为北东向主含矿断裂的共轭断裂,其运动学指向应为右行剪切。这一含矿构造的匹配型式与经典的里德尔剪切模型基本吻合,表明含矿构造主要为剪切系统内部发育的R及R′两组剪切构造,这一构造组合反映的成矿期主构造应力场应为南北向挤压环境下派生的北西向右行剪切应力场,而控制矿床空间展布的更高序次的边界断裂则应该为香日德-德龙区域断裂。

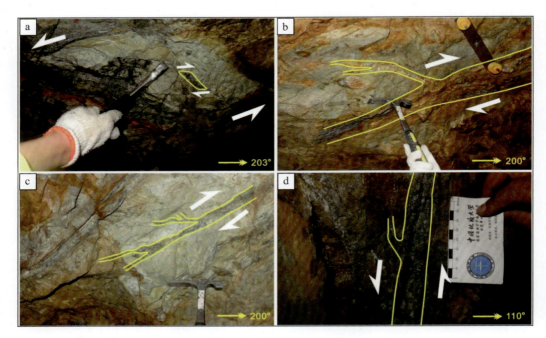

图4-9 成矿期构造形迹

AuⅥ矿带顶板(a～c)及掌子面(d)上石英硫化物脉特征,分别指示平面上左行及剖面上正断层运动学性质

第四期构造为成矿后的破矿构造,按照走向看主要为北西向,AuⅥ号矿带明显错断主矿体(图4-10 a,b),断层内部可见含硫化物的石英透镜体(图4-10c),通过坑道调查的结果来看,破矿的北西向断层应为左行平移正断层(图4-10d),浅部错距较小,4257平硐标高的错距在3～6 m之间。

三、构造时空演化对矿化蚀变的控制

(一)构造时间演化与矿化蚀变的关系

从区域上来看,果洛龙洼矿区与瓦勒尕矿区均位于前各纳各热尔超岩片之中。区域上构造变形组合及时序关系见表4-1。

第四章 综合勘查技术应用与研究

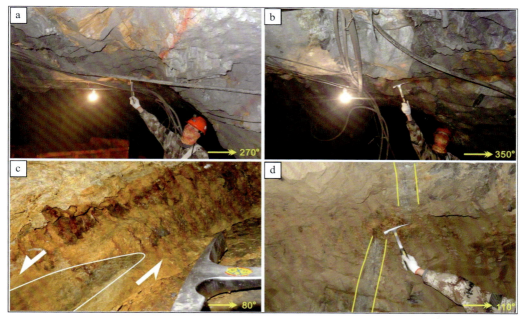

图 4-10 成矿后构造特征

AuⅥ矿带顶板被错断(a、b)、断层内部含矿透镜体(c)、矿脉被错断指示左行(d)

表 4-1 区域与矿区构造变形组合及时序关系(据殷鸿福等,2003修改)

变形时代		大地构造背景	东昆中单元			果洛龙洼矿区	瓦勒尕矿区
			塔妥-拉玛托洛胡超岩片	可可沙-清水泉超岩片	前各纳各热尔超岩片		
燕山期		陆内造山	东西向冲断-褶皱构造组合		滑脱型脆性破裂构造组合	东西向正断裂	北西西向正断层
印支期	$T_2—T_3$	碰撞-后碰撞伸展转化		北东东-南西西向脆性逆冲断裂组合	东西向脆性逆冲断层组合	东西向逆断裂(为主要的含矿构造)	北西向含矿断裂与北东向断裂两组共轭剪切构造
海西期	267~252 Ma	古特提斯洋俯冲	东西向右旋走滑韧性剪切系统	右旋走滑韧性剪切系统	东西向右旋韧性走滑变形组合	东西向右行逆冲韧性变形	黑云母花岗岩中共轭剪节理
加里东期	438~406 Ma	原特提斯洋俯冲向碰撞转换			东西向逆冲型韧性剪切变形组合	东西向左行韧性剪切变形(矿区最早阶段成矿 409 Ma)	黑云母花岗岩中矿物定向变形

区域上前各纳各热尔超岩片所发育的变形组合主要有①438～406 Ma东西向逆冲型韧性剪切变形组合；②267～252 Ma东西向右旋韧性走滑变形组合；③T_2—T_3东西向脆性逆冲断层组合；④滑脱型脆性破裂构造组合（殷鸿福等，2003）。通过对比不难发现，两个矿区构造变形组合及时序关系与区域上前各纳各热尔超岩片构造变形组合及时序关系基本吻合，果洛龙洼最早期东西向逆冲型韧性剪切变形以及瓦勒尕矿区黑云母花岗岩内的最早期韧性变形同属区域加里东期的东西向韧性变形组合下的构造形迹。果洛龙洼矿区第二期东西向右行韧性变形与瓦勒尕金矿内第二期黑云母内共轭剪节理同属海西期古特提斯洋俯冲背景下东西向右旋韧性走滑变形组合下的构造形迹。果洛龙洼第三期控矿构造为北西向应力下的东西向逆冲断裂，瓦勒尕金矿内第三期构造亦为北西向应力下的一组剪切构造，两者可能同属印支期区域碰撞背景下的南北向压力下的构造形迹。果洛龙洼第四期东西向破矿正断裂和瓦勒尕北西西向破矿正断裂同属于燕山期陆内造山背景下滑脱型脆性破裂构造组合下的构造形迹。因此，区内的成矿构造的形成时间应介于T_2—T_3之间，该地质历史时期南北向挤压应力场作用下形成的果洛龙洼矿区的东西向逆冲断裂与瓦勒尕矿区的北西向及北东向共轭剪节理应为各矿区内的主含矿构造。

目前获得的矿区绢云母^{40}Ar—^{39}Ar阶段加热定年结果表明，880～1300℃之间共7个数据点构成一个平坦的年龄坪，对应于75.9%的^{39}Ar释放量，获得的加权坪年龄为202.7±1.5 Ma，表明果洛龙洼金矿主成矿阶段时限应为晚三叠世（肖晔等，2014），与区域上大场（218.6±3.2 Ma）、五龙沟（236.5±0.5 Ma）等大型金矿床的形成时代基本一致（张德全等，2005）；瓦勒尕矿床成矿时间虽还没有同位素年龄限制，但其赋存于奥陶—志留纪中酸性岩浆岩中，且在该矿区南部发育大量三叠纪岩浆岩，表明其可能形成于三叠纪，同时陈加杰（2018）考虑到阿斯哈金矿床的矿体产状、围岩岩性、矿化特征、矿物组成、成矿阶段等与瓦勒尕金矿床完全一致（产出于中酸性侵入岩中，并且均含有毒砂），仅仅是两个矿床的围岩年龄不一致（三叠纪VS志留纪），并且两者空间上也相隔较近，均产于沟里金矿田内，据此推测两者很可能形成于相同的成矿事件，其获得的阿斯哈金矿床绢云母Ar-Ar定年结果234.63±1.22 Ma很可能代表了这一期金成矿事件，此外岳维好（2013）通过对该矿床地球化学特征与矿区岩浆岩地球化学对比表明阿斯哈金成矿与区内233 Ma的花岗斑岩关系密切。这些成矿年代学资料进一步确证矿区内的含矿构造形成于T_2—T_3之间。因此，中—晚三叠世时期形成的东西向逆冲断裂控制了区内矿体的三维空间展布。

（二）构造与矿化蚀变的关系

1. 果洛龙洼

为了查明构造的空间变化特征与矿化、蚀变的关系，选取了Ⅳ-1矿体进行构造-矿化-蚀变剖面测量，制作了Ⅳ-1矿体构造-蚀变-矿化分带图解（图4-11）。

蚀变分带：由矿体内部向外依次发育含矿石英脉、绢英岩化、钾化、硅化-绿帘石化，且在矿体两侧围岩蚀变类型、组合具有对称分带的特征。单个矿体两侧围岩蚀变宽度可达20m左右，断裂上盘的蚀变强度大于下盘。

矿化分带：矿化主要有黄铁矿化、多金属硫化物矿化，成矿与多金属硫化物矿化关系密切。在断裂内部,多金属硫化物脉十分发育,其切割、包裹早期石英;远离断裂,多金属硫化物矿化迅速减弱。

构造分带:断裂附近的构造岩既反映了早期中—深层次的韧性构造变形特征,又表现出晚期浅层次的脆性构造变形特征,可将构造岩分成千糜岩系列与碎裂岩系列。千糜岩系列变质程度较深,已经不能分辨其原岩。千糜岩中石英等矿物定向明显,可以观察到旋转碎斑、揉皱等早期塑形变形现象。碎裂岩分布在断裂内部,成矿后断裂内部的断层泥、碎裂岩清晰可见,成矿期的断裂内部只可见一些断层角砾被石英脉包裹。

在断裂内部及附近,构造应力比较强,受构造活动影响的时间长,岩石被破坏程度较高,蚀变及矿化十分发育。随着离断裂距离的增加,构造应力相应减弱,矿化强度和蚀变强度也随之减弱。从断裂内部到其两侧,显示出明显的构造-蚀变-矿化的分带特征。

2. 瓦勒尕

瓦勒尕矿区规模较大的矿体主要有AuⅠ、AuⅥ和AuⅦ矿带,前两条矿带走向北东,后一条矿带走向北西,构造受昆中断裂的控制,其分布范围广、规模大、延伸远、延续时间长,具多期活动及多种性质的特点。

蚀变分带:整体上,瓦勒尕矿区矿体附近的围岩蚀变不是十分发育,仅在矿体上下盘数10cm的距离内可见少量绿泥石化、绿帘石化和硅化等,矿体内部及附近的花岗质围岩中绢云母化较发育,主要由斜长石蚀变而来(图4-11)。

矿化分带:与果洛龙洼类似,矿化以黄铁矿化、多金属硫化物矿化为主,多金属硫化物矿化与成矿关系密切。在断裂内部,早期透镜状石英受到后期应力作用其内部发生张性裂隙而被多金属硫化物脉穿切充填,同时沿断裂面上下盘发育石英多金属硫化物脉,具有剪切面理,其内部通常包含部分变形的蚀变围岩;远离断裂,多金属硫化物矿化迅速减弱,但黄铁矿等经后期氧化形成了褐铁矿,并且经过淋滤,可能造成金的表生富集。

构造分带:断裂构造比较发育,形迹较复杂,在断裂的交会、扭曲部位,其分支的规模、蚀变程度有变小和降低的趋势,断裂带中岩性以构造角砾岩、碎粒岩、碎粉岩等构造碎裂岩为主。在构造带内部,绝大部分为破碎的花岗岩或后期充填的脉岩,局部有含铅、锌、砷的石英脉充填,碎裂岩和构造蚀变岩中有金矿化分布,矿化强烈部位集中在破碎带的上/下盘,表现为破碎的强硅化、褐铁矿化蚀变岩,这表明成矿中—成矿后详细过程为岩体侵位—岩体破碎—岩脉充填—薄弱带再次破碎—石英硫化物脉充填—成矿后破碎(图4-12)。

四、断裂对矿体、矿床、矿带的控制

(一)果洛龙洼金矿构造对矿体的控制

1. 构造对矿体平面展布规律的控制

野外地质调查表明,区内多金属硫化物矿体产出阶段代表的金大规模成矿作用应与第三阶段脆性环境下的逆冲作用密切相关,即成矿期构造应为挤压-逆冲所产生的不同序次的

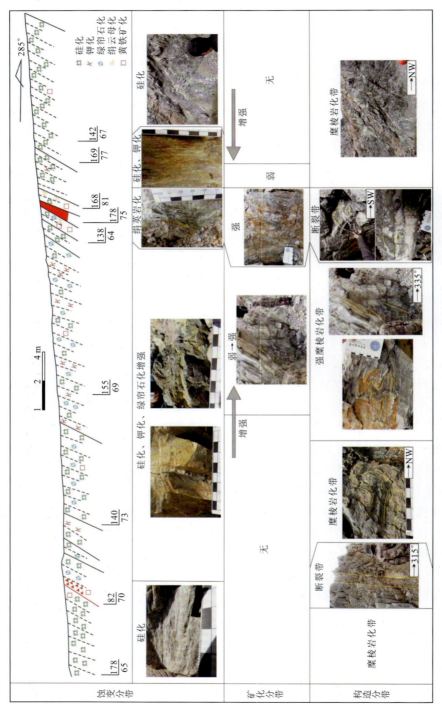

图 4-11 果洛龙洼金矿床 Ⅳ-1 矿体构造-蚀变-矿化分带图解

第四章　综合勘查技术应用与研究

图 4-12　AuⅥ矿带矿化特征

断裂。这一点在区内矿床赋存剖面上已经得到确认,该规律在矿区尺度同样适用。多金属硫化物石英脉体含有角砾状围岩、主矿体切割早期韧性变形面理及透镜状石英脉等地质现象,进一步排除了早期韧性剪切变形与主成矿阶段的成因联系。因此,区内含矿构造应为区域南北向挤压应力场作用下形成的脆性逆冲断裂。

矿区赋矿围岩劈理、含矿断裂面下半球等面积投影和闪长岩内共轭解理走向玫瑰花图(图 4-4d~f)统计结果进一步表明,主成矿期构造应力场最大压应力轴应为近南北向,由此形成的含矿断裂构造走向以近东西向为主,次为北东向及北西向。

2. 构造对矿体剖面方向展布规律的控制

剖面上矿体的产出明显受后期逆冲断裂形成的构造空间所控制,果洛龙洼金矿床Ⅰ号矿带的 0 线、2 线、12 线等剖面上,可清晰见到浅表矿体产状出现反倾,该现象应为典型逆冲断裂前锋处上盘次级断裂控矿的具体体现。Ⅳ号矿体探矿坑道中所见的主含矿构造面的高角度张裂中充填的多金属硫化物脉体分支也印证了这一认识,表明矿区成矿期形成的主含矿断裂应为逆冲断裂。对于单个矿体,其在产状变缓处较膨大,在产状变陡处收敛甚至尖灭。各矿带厚度约 80 m，矿带与矿带之间呈现近等距性产出规律。

由于构造控制作用，矿体在纵投影剖面上也呈现出一定的富集规律，表现出由浅部至深部整个矿区矿体的矿化富集出现两个标高，上部富集段下限标高在 3700 m，下部富集段下限标高在 3400 m，且矿化富集标高有向东逐渐降低的趋势，同时，矿区还存在不同尺度的矿化强弱相间的规律。

（二）瓦勒尕矿区构造对矿体的控制

1. 构造对矿体平面展布规律的控制

从平面上来看，瓦勒尕矿区目前已查明 7 条金矿带，其中 AuⅥ、AuⅦ矿带金品位高，规模较大，具有良好的经济价值。可以看出，AuⅠ、AuⅥ矿带及图区外围色日 1 号脉大致呈北东向/北北东向，AuⅦ矿带为北西向，由于岩石能干性不同，AuⅣ和 AuⅤ矿带走向近北西西向，AuⅢ矿带则为北东东向。这与野外地质调查发现的区内第三期北东向/北北东向和北西向构造方位基本一致，说明香日德-德龙断裂的这两组 R 与 R′次级断裂构造与成矿密切相关。可以看出，矿体延长一般几十米至上百米，与矿体密切相关的构造破碎带延长多在 0.5～5 km，以 AuⅠ和 AuⅤ矿带延伸最长。矿区内北东向主成矿断裂（色日一号脉、AuⅥ矿带、F1、AuⅠ矿带）的间距约为 2.5 km，其中 F1 断裂附近发现较好的矿化蚀变现象。

2. 构造对矿体剖面方向展布规律的控制

剖面上就 AuⅥ-1 单个矿体来看，细脉状矿体在平面上呈多个连续出现，具有尖灭再现、尖灭侧现的规律。剖面上矿体的产出受主成矿断裂所形成的构造空间控制，总体上各矿体的形态十分相似，多呈脉状、细脉状、扁豆状或长透镜状，厚度多在 1～10 m，产状陡倾，倾角多在 60°～80°。除 AuⅦ号矿带外，其他 6 个矿带矿体多为一条单一脉，这表明矿体的展布主要与两组主成矿断裂有关，受其次级断裂或其他断裂构造的影响较小。构造破碎带的产状变化对矿体的富集和厚度变化也有重要的制约作用，矿体多在产状变缓处膨大，在产状变陡处收敛甚至尖灭，矿体产状显示缓陡相间的规律，呈"阶梯状"分布，以 AuⅥ-1 矿体特征最明显。说明区内两组主成矿断裂早期存在逆冲作用，后期向下滑落，矿体形态受早期逆冲作用影响较大。

五、小　结

研究区金矿床受构造控制作用明显，针对果洛龙洼与瓦勒尕金矿开展的大比例尺构造-蚀变填图工作，查明了矿区内构造活动期次，厘清了地质、蚀变和矿化特征及其与不同规模构造作用之间的相互关系，分析了区域与矿区尺度断裂构造的控矿作用，对于找矿预测工作具有重要意义。

大比例尺构造-蚀变填图工作重点是围绕矿床构造格架、构造序次进行研究，着重厘清成矿前、成矿期、成矿后构造等不同期次构造对矿体定位的控制，剖析导矿构造、配矿构造、容矿构造等不同级别构造对矿床形成、矿质流体运移的控制，建立时空四维的构造控矿找矿模型;同时详细调查蚀变系统,解析蚀变类型、蚀变强度及蚀变分带特征,总结不同岩性岩相、构造与矿体展布、矿化蚀变类型、矿化强度和规模之间的联系。

因此,开展大比例尺构造-蚀变填图,寻找构造-蚀变与矿化的关系,总结构造控矿规律和矿化富集规律,是推进地质找矿与深部隐伏矿体预测的有效方法。尤其在受构造控制的脉型金矿勘查中,其更是识别控矿构造、矿化蚀变岩相带的重要途径,是反映各期构造、各类蚀变和矿化之间相互作用的有效手段。

第二节 勘查地球化学应用与找矿信息提取

一、1∶5万—1∶2.5万水系沉积物测量

研究区地处高寒山区,沟系发达且较为干旱,水系沉积物测量数据往往能较真实地反映上游汇水盆地的地球化学特征。不同比例尺水系沉积物测量均取得了良好的找矿效果,仍为区内最有效的矿产勘查手段。截至本书出版前,研究区全区已覆盖1∶5万水系沉积物数据,完成的1∶2.5万水系沉积物测量面积占比接近全区总面积的50%。但以往工作由多家单位多片区完成,范围较局限,不能客观反映整个区域的地球化学特征。对所获成果的综合利用、找矿信息提取、成矿预测及综合研究等方面的应用还不够充分。笔者团队在项目实施过程中以收集到的1∶2.5万水系沉积物数据为主,对2.5万水系未覆盖区补充1∶5万水系沉积物数据,采用研发的多目标复杂结构化探数据校正方法对收集到的不同项目来源、不同测试单位原始数据进行系统误差及各类地质体之间的背景校正,进而分析研究区1∶5万—1∶2.5万水系沉积物地球化学特征,识别并圈定地球化学异常,探讨分布规律,提取地球化学找矿信息。

(一)数据处理方法

地球化学数据处理是勘查地球化学的一项重要内容,是异常信息提取的前提与基础。由于本次研究区存在海量水系沉积物地球化学数据(涉及1∶5万化探数据22 480点位,1∶2.5万化探数据79 427点位),涉及面积大、图幅多,数据形成时间跨度大,样品测试单位多由不同单位承担,且样品常常跨越了不同的地质单元,加之收集的数据比例尺不一致等,导致地球化学背景值差异较大,地球化学数据难以综合利用,无法从错综复杂的区域地球化学数据中识别出异常信息。

为此,笔者团队经过多次方法实验与对比,研发了多目标复杂结构化探数据校正方法。该方法能有效地进行不同图幅间地球化学测量数据的系统误差与各类地质体之间的背景校正,返回值与测试值之间的数量级和含量差异较小,其成果能有效地指导地球化学测量成果资料在矿产成矿预测、环境评估、土壤调查评价等应用。该方法实现步骤详见表4-2。

表 4-2　多目标复杂结构化探数据实现步骤

步骤	工作情况
步骤 1	数据准备：采集不同地质体之间的各类化学元素测量数据，具体为采集 A 图幅化学元素测量数据、B 图幅化学元素测量数据和 A、B 图幅合并后的化学元素测量数据
步骤 2	数据预处理：对所述 A 图幅化学元素测量数据、所述 B 图幅化学元素测量数据和所述 A、B 图幅合并后的化学元素测量数据，均采用均值标准差迭代剔除的方法，求解得到 A 图幅化学元素测量数据、B 图幅化学元素测量数据和 A、B 图幅合并后的化学元素测量数据的各自背景值及其标准差
步骤 3	利用所述 A 图幅化学元素测量数据、B 图幅化学元素测量数据及 A 图幅化学元素测量数据的背景值和标准差，A 图幅化学元素测量数据的背景值和标准差，计算 A 图幅化学元素测量数据、B 图幅化学元素测量数据的标准化系数
步骤 4	利用 A、B 图幅合并后的化学元素测量数据的背景值及标准差、A 图幅化学元素测量数据、B 图幅化学元素测量数据的标准化系数分别计算 A 图幅化学元素测量数据的元素含量返回值，B 图幅化学元素测量数据的元素含量返回值

（二）地球化学参数特征

1. 元素丰度特征

对研究区收集到的化探数据剔除特高值后统计了研究区的背景值，并与全省地区的元素丰度值进行了对比，结果见表 4-3。

表 4-3　研究区与全省地区的元素丰度值统计表

元素	全省	研究区	与全省的比值	元素	全省	研究区	与全省的比值
Au($n=106\,338$)	1.1	1.7	1.55	Ni($n=90\,235$)	19.7	23.88	1.21
Sn($n=103\,650$)	2.46	2.41	0.98	Mo($n=102\,666$)	0.58	1.08	1.86
Ag($n=107\,170$)	62	82.8	1.34	W($n=80\,008$)	1.41	1.92	1.36
As($n=102\,428$)	10.4	11.0	1.06	Cu($n=105\,726$)	18.2	23.0	1.26
Sb($n=102\,350$)	0.64	0.86	1.34	Pb($n=107\,108$)	19.3	25.0	1.30
Bi($n=102\,306$)	0.25	0.34	1.36	Zn($n=107\,096$)	54.4	62.1	1.14
Co($n=83\,026$)	9.5	10.8	1.14				

注：青海省水系沉积物统计样本容量均为 8 万左右（三轮区划）。东昆仑水系沉积物统计样本容量为 1∶50 万东昆仑区域化探扫面组合样数据。由于原始数据涉及不同项目其分析元素有差异，n 为 1∶5 万与 1∶2.5 万总有效样本数量。

从表中可以清晰看出，与全省相比，研究区除 As、Sn 元素低于或接近于全省丰度值外，其余元素丰度值均高于全省,其中 Mo 元素丰度值与全省的比值最高,为 1.86 倍,Au 元素丰度值为 1.55 倍全省丰度值,Ag、Sb、Bi、W、Pb 等元素丰度值为全省的 1.3 倍以上,Cu、Co、Ni、Zn 等元素丰度值为全省的 1.1 倍以上,表明这些元素处于高背景分布区,显示出较强的地球化学活性,在有利成矿条件下成矿潜力大。

2. 离散特征

水系沉积物样品中各元素原始数据集变异系数(CV1)和背景数据集变异系数(CV2)分别反映了数据处理前后的离散程度。其中 CV1 反映元素地球化学场的相对变化幅度,CV1/CV2 可以反映背景拟合处理时对离散值的削平程度(戴慧敏等,2012;刘劲松等,2016)。利用 CV1 和 CV1/CV2 绘制的变化系数解释图可以反映含量变化程度、高强数据的多少,从而进一步反映富集成矿的可能性(王磊等,2016)。本次利用东昆仑成矿带中—东段 1∶5 万—1∶2.5 万水系沉积物数据构建的 CV1 和 CV1/CV2 变化系数解释图如图 4-13 所示。

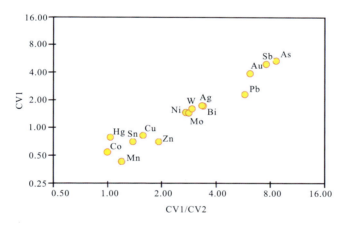

图 4-13 研究区水系沉积物数据变化系数解释图

从变化系数解释图中可以看出:Sb、As、Au、Pb 含量变化幅度大,反映高强数据很多,富集成矿性较大。Au 在研究区内已有多处成矿事实与矿化显示(如巴隆金矿、果洛龙洼金矿等);As、Sb 为低温元素,在研究区内与 Au 密切伴生,其中 Sb 含量变化幅度较大,与区内构造背景吻合;Pb 也具有较大的成矿可能性,区内断裂发育,目前已发现数个中小型铅锌矿床和大量铅锌矿点(如乌妥沟铅锌矿点)。

Ag、Bi、W、Mo、Ni 高强数据多,变化系数较大,局部富集成矿可能性较大。Ag 背景与剔除高值点后的变化系数比值达到 6.1,说明 Ag 离散点数据量较多,显示在研究区内可能单独成矿,或以伴生元素形式与 Au、Pb、Zn 共生成矿。W、Mo 为高温元素,与区内大面积分布的侵入岩有关,存在相关岩浆岩型矿床产出的可能性。

Hg 在全区分布较广泛,规律不明显。Sn、Bi 为高温元素,在研究区内与 W、Mo 密切伴生。Cu、Zn 的变化程度相对平稳,高强数据相对较少,局部有富集成矿可能性,研究区内已有多处矿化显示。

Ni 离散程度较大,Cr、Co 较 Ni 变化相对较小,与研究区内分布的超基性—基性岩体岩脉关系密切,区内已有浪木日镍多金属矿等成矿事实,显示出较大的成矿潜力。

3. 元素的相关性特征

研究区各元素的亲、疏性及相关组合类型的确定,是地球化学异常圈定工作中的一项重要任务。因子分析是把具有错综复杂关系的因子(样品或变量)归结为数量较少的几个综合因子(也称主因子),以揭示样品之间(变量之间)的相互关系,可进一步研究成矿元素的聚集和迁移,为地质作用关系提供有力解释(邓军等,2000)。R 型因子分析是在各元素原始数据之间相关关系的基础上,运用数学分析手段从错综复杂的大量数据中提取能包含原变量大部分信息的少数综合变量的一种统计分析方法。利用 R 型因子分析方法,可以在大量数据中找出能反映它们内在联系和起主导作用的少数因子,从而去除一些冗余的地球化学信息,把能够反映出本工作区主要成矿特征的地球化学元素组合类型信息提炼出来。本书使用 R 型因子分析方法进行地球化数据分析,根据原始数据的相关矩阵,确定因子数并进行方差最大法正交旋转。求得各因子所代表元素组合的方差贡献率与因子模型见表 4-4。

表 4-4 因子解释变量总方差特征表

因子	初始特征值			旋转载荷平方和		
	合计	方差百分比(%)	累计方差百分比(%)	合计	方差百分比(%)	累计方差百分比(%)
1	5.657	40.408	40.408	3.285	23.462	23.462
2	1.804	12.884	53.292	2.314	16.531	39.993
3	1.210	8.640	61.932	2.147	15.339	55.331
4	0.921	6.576	68.508	1.845	13.177	68.508

由于正交旋转因子载荷矩阵比初始因子载荷矩阵反映的元素组合更具合理性和可解释性(张焱等,2011),因此本书采用凯撒正态化最大方差法对 4 个初始因子进行载荷矩阵正交旋转,经过 5 次迭代后收敛得到旋转后的成分矩阵(表 4-5)。

表 4-5 旋转后因子载荷矩阵

元素	成分			
	1	2	3	4
Ag	0.205	0.409	0.288	0.502
As	0.218	0.815	0.155	0.204
Co	0.862	0.059	0.058	0.076

续表 4-5

元素	成分			
	1	2	3	4
Cr	0.845	0.182	0.130	0.026
Ni	0.873	0.231	0.136	0.027
Bi	0.223	0.136	0.678	0.284
Cu	0.701	0.306	0.304	0.172
Pb	−0.117	0.236	0.049	0.821
Mo	0.103	0.321	0.708	0.139
Sn	0.184	−0.071	0.430	0.607
W	0.121	0.161	0.814	0.082
Zn	0.537	0.134	0.217	0.589
Au	0.095	0.646	0.172	0.053
Sb	0.252	0.811	0.150	0.114

由表 4-4 和表 4-5 可知，这 4 个因子共解释了原有 14 个变量总方差的 68.508%，总体上，原有变量的信息丢失较少。同时，方差贡献反映了各因子对原有变量总方差的解释能力，该值越高，说明相应因子的重要性越高。例如 Au 元素的含量主要由 F2 提供，其他因子对 Au 含量贡献较小，同时发现 Ag、As、Sb 三种元素的成分也主要由 F2 提供，说明元素成矿阶段与 Au、Ag、As、Sb 密切相关，同理可以分析其他元素。根据因子分析的基本原理，可以认为这 4 个因子分别代表了研究区内 14 种元素共生或伴生组合类型，分别为 F1，Cu-Zn-Cr-Co-Ni 组合；F2，Au-Ag-As-Sb 组合；F3，W-Sn-Mo-Bi 组合；F4，Pb-Zn-Sn-Ag 组合。

利用旋转后因子得分制作因子得分图，由于 F1、F3 因子中的 Cr、Co、Ni、W、Sn、Mo 六个元素在研究区未全覆盖，数据缺失处较多，而 F2、F4 因子中 Cr、Co、Ni、W、Sn、Mo 等元素重要性较低，于是在制作 F1、F3 因子得分图时是用全数据制作的，而制作 F2、F4 得分图时将原数据中 Cr、Co、Ni、W、Sn、Mo 元素剔除，再进行因子分析制作（图 4-14、图 4-15）。

从图中可以看出，F1 因子主要反映区内的断裂构造，高得分主要分布在研究区西侧和南侧，呈近东西向和北北西向分布。F2 因子为研究区主要成矿因子，所包含元素集合了中低温热液和硫化物等成矿有利特性，高得分主要分布在研究区的西南侧和东侧，呈北东东向分布，同时高得分地区断裂构造较为发育，沿北东东向 F2 因子高值区与断裂交会部位已发现多处金、银矿床。F3 因子主要反映岩浆作用，与不同期次的中酸性岩浆侵入有关，高得分主要分布在研究区的西南、东南侧和东北角，呈近东西向分布，代表了与中酸性岩浆热液或后变质热液作用有关的有利元素富集地段。F4 因子为区内具有代表性的矿化因子，由铅、锌、锡、银共同构成该因子，高得分主要分布在研究区的东侧，呈近东西向和北西向分布，区

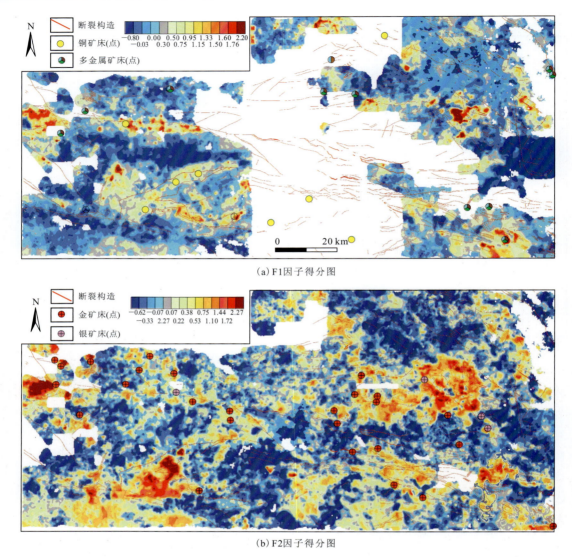

图 4-14　东昆仑东段水系沉积物 F1、F2 因子得分图

内岩浆活动强烈,受火山机构或断裂控制,容易形成银铅锡锌元素组合,并在构造有利部位形成矿床。

聚类分析是根据多个指标进行数字分类的一种多元统计分析方法。利用该方法需要首先选择一个适当的分类统计量,用以度量分类对象的相似程度或非相似程度,然后将样品按照各自在性质上的相似度进行分类,把相似程度大的并为一类,把相似程度小的分为不同类,最后用适当的方法进行聚类,建立分类谱系图(邓冠男,2013;陈永良等;2010)。R 型聚类分析就是在样本空间中对变量进行分类,主要目的是将研究区内的元素划分成元素组合,并找出能够代表该地区地质体的地质地球化学性质的特征元素组合(于俊博等,2014)。本书采用 Z 得分方法对研究区 14 个覆盖面积较全的元素数据进行 R 型聚类分析,制作谱系

第四章 综合勘查技术应用与研究

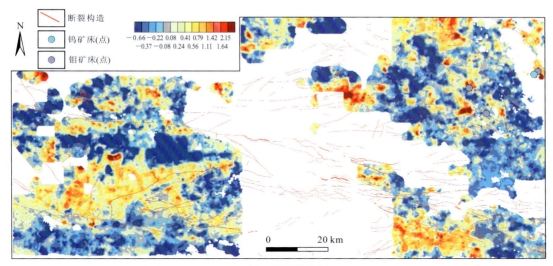

(a) F3因子得分图

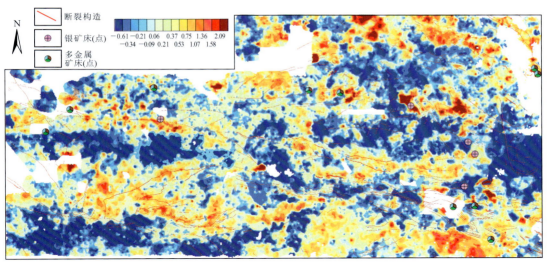

(b) F4因子得分图

图 4-15 东昆仑东段水系沉积物 F3、F4 因子得分图

图,研究因子组合中各元素之间的相互关系。按显著性水平进行划分,可将 14 个元素分为 3 个类群;从聚类分析谱系图 4-16 中可得知其分类特征:

第 1 类群 Au-Ag-As-Sb 元素组合,属于中低温成矿元素,反映了 F2 因子高得分地区断裂构造比较发育,是该地区的岩浆活动强烈地段的浓集元素组合,与本区金、银多金属矿的形成有很密切关系,如巴隆金矿床、那更康切尔沟银矿床。

第 2 类群 Cu-Zn-Cr-Co-Ni 揭示了 F1 因子所代表的本地区受侵入岩岩体接触带、断裂及火山机构控制的中高温成矿元素组合,在成矿有利部位易形成矿产地,如那巴力根特铜矿床。

第 3 类群 W-Sn-Mo-Bi 所代表的元素组合与岩体有关,在有利部位具备成矿条件。Pb 元素类群与其他类群相关性较弱,在各类群中均为伴生组分或者外带指示元素。

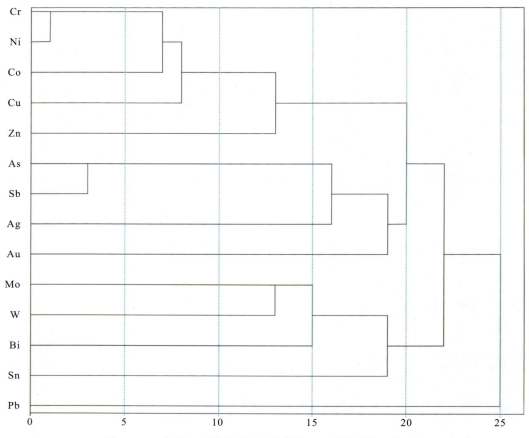

图 4-16 东昆仑东段水系沉积物数据（R 型聚类分析）谱系图

(三) 单元素异常特征

研究区内已开展的 1∶5 万和 1∶2.5 万化探工作共测量了 23 个元素,其中测量范围覆盖整个研究区的元素有 Cu、Zn、Au、Ag、As、Sb 等 14 个元素,部分元素数据未覆盖全区如 Cd、Mn、Li 等 9 个元素,现以本次工作收集到的覆盖整个研究区的部分元素分布特征（图 4-17～图 4-19）为例,概述如下:

Au 元素为区内主要成矿元素,异常主要分布在研究区的东侧和西南侧,呈不规则面状、椭圆状及带状分布,低背景区主要为海西—印支期中酸性岩体,高背景区主要位于古元古界金水口岩群变质岩地层和加里东期闪长岩体中。宏观上主要受区内北西及北西西向构造控制,带状分布明显。根据异常分布情况,可将其分为西侧异常富集区和东南侧异常富集区,在研究区北侧,出露有大面积 Au 异常,其中 Au-232 号异常分布面积较大,具有明显的三级浓度分带,极值点异常浓度高达 368.42×10^{-9};在东南侧异常富集区异常分布较为密集,异常数量较多,单个异常面积不大,其中 Au-453、Au-455、Au-488、Au-499、Au-501 号等异常分布面积都较小,但其分布位置接近,在区中形成异常带,该异常带附近分布有果洛龙洼金矿床和园以金矿点。研究区内 Au 异常富集区与已知矿床(点)具有较好的套合性,展现出了巨大的金找矿潜力。

Ag 元素也是区内的主要成矿元素,异常主要分布在研究区的西北部和东部,呈不规则面状、椭圆状及带状分布,分布特征与 Au 异常极为相似,显示出很强的套合性。异常受区内构造控制明显,其展布方向与东西向、北西西向断裂一致,分布位置大多也正处于断裂构造带上。根据异常的分布情况,可以将研究区 Ag 异常分为西北侧异常富集区、东北侧异常富集区和东南侧异常富集区。研究区西北侧的 Ag-246 号异常为规模较大的异常,具有明显的三级浓度分带,其富集中心已发现乌妥沟银多金属矿床;在研究区东侧,Ag-115 号和 Ag-214 号异常中间位置已发现哈日扎银多金属矿床,在 Ag-449 号异常附近已发现有那更康切尔北银矿床和那更康切尔沟银矿床。研究区内 Ag 异常与已知银矿床(点)具有较好的套合性,展现出很大的银找矿潜力。

As 元素与 Au、Ag 等区内主要成矿元素有密切的关系,其异常主要分布在研究区的西北侧、西侧和东侧,呈不规则面状、椭圆状及带状分布,展布方向主要为北西向,与北西向断裂方向相近,多数异常规模较小,分布面积不大,异常数量也不多。其中研究区西北侧的 As-89 号异常规模较大,具有明显的三级浓度分带,其内环带异常面积接近整个异常的一半,在该异常附近已发现哈图中游金多金属矿点;研究区东侧 As 异常分布与 Ag 异常较为相似,单个异常多呈密集小圆状,整体呈带状分布,其中 As-80 号异常规模较大,有明显的三级浓度分带,在该异常中部已发现哈日扎银多金属矿床,在其余异常附近也发现大量的金、银矿床(点)。As 异常与区内的金、银矿具有一定的套合性,对金、银多金属矿产找矿具有重要的指示意义。

Cu 元素是区内重要的成矿元素,异常的高值区主要分布在研究区的东部和西南部,主要呈近东西向带状、面状和港湾状分布,整体呈北西向和北西西向展布,与断裂方向一致。异常分布较集中,根据分布特点,可以分为西北侧异常集中区、西南侧异常集中区和东南侧异常集中区。在研究区西南侧,Cu-90、Cu-92、Cu-101、Cu-106、Cu-160 号异常呈北西向带状分布,与该处断裂位置方位完全一致,在该异常带中部已发现巴力根特铜矿床;Cu-305 号异常规模较大,具有明显的三级浓度分带,在其附近已发现哈尔汗铜矿点、督冷沟铜钴矿床和小矿铜矿点,异常与矿产具有较好的套合性。在研究区东侧较大规模的 Cu-331 号异常规模较大,在附近发现坑得弄舍金多金属矿床。在研究区内多处铜的高强异常区已发现有铜的矿体或矿化信息,说明铜的高强异常区内成矿概率大,找矿前景好,是找铜矿的有利区域。

Pb 元素是研究区内重要的成矿元素,在区内异常分布较为分散,无明显的富集区,在研究区东北侧有部分集中,但异常规模一般,在分布位置与方位上与北西向断裂有一定相关性,主要呈北西向椭圆状、面状和港湾状分布。研究区中北侧 Pb-71 号异常分布面积不大,但具有明显的三级浓度分带,且其内环带异常面积占比较多,该异常附近已发现 C3 号铅锌矿点、枪口南多金属矿点;研究区东北侧 Pb-56、Pb-80、Pb-81、Pb-83 号等异常构成了一

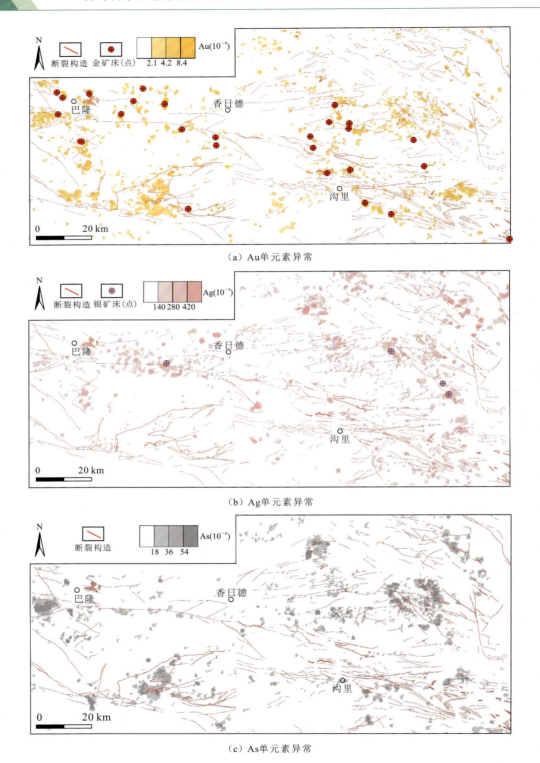

(a) Au 单元素异常

(b) Ag 单元素异常

(c) As 单元素异常

图 4-17 东昆仑东段水系沉积物测量 Au、Ag、As 单元素异常图

个小型异常富集区,在这个富集区附近发现了 X13 铜铅锌矿点和 X15 铁铅锌多金属矿点。研究区内高强异常与已知矿床(点)有较好的套合性,展现了较大的铅锌多金属找矿潜力。

Zn 元素是研究区内重要的成矿元素,其异常在区内主要呈带状分布,异常主体呈近北北西向,区内西侧异常相较于东区异常较为稀疏,异常规模也较小。根据异常的分布特点,研究区异常可以分为西侧异常富集区、东北侧异常富集区和东南侧异常富集区。在研究区内西侧异常与北西西向构造方向一致,沿北西西向构造分布,该侧已发现香日德镇益克火勒特多金属矿床、布洛沟多金属矿点;研究区东北侧异常规模一般,Zn-53 号异常具有明显的三级浓度分带,在该异常中心已发现 C3 号铅锌矿点;在研究区东南侧的 Zn-357 号异常分布面积较大,有明显三级浓度分带,是规模较大的异常,与其同样规模较大的 Zn-302、Zn-306、Zn-343 号等异常共同构成一个异常富集区,在富集区中部发现了克合特多金属矿点、帕龙沟多金属矿点。Pb 异常高值区与区内已发现的铜铅锌多金属矿床(点)有较好的套合性,表明研究区有巨大的铜铅锌多金属找矿潜力。

Ni 元素是区内的重要成矿元素,同时也与 Cu 元素有很强的相关性,其主要呈椭球状、面状和港湾状分布,整体呈北西向展布,与区内北西向断裂方向一致。异常在研究区内呈东多西少的特点,根据其分布特征,可以将研究区内 Ni 元素异常分为西北侧富集区、中东部富集区和东南侧富集区。其中西北侧富集区 Ni-71 号异常分布面积大,异常规模大,具有明显的三级浓度分带,在该异常内已发现巴力根特铜矿床;东南侧富集区 Ni-178、Ni-180、Ni-209、Ni-210 号等小规模异常聚集分布形成小富集区,在该小富集区内已发现浪木日铜镍矿床。Ni 元素的高异常区与区内发现的铜镍矿床具有一定的套合性,展示出研究区内铜镍找矿潜力较大。

W 元素也是区内的重要成矿元素,呈椭球状、带状和港湾状零星分布,其规模整体较小,呈带状的异常多数沿北西向和北西西向的断裂展布。根据研究区内 W 元素的分布特征,研究区异常可分为西侧富集区、东北侧富集区和东南侧富集区,西侧和东北侧富集区的异常分布较稀疏,异常规模较小,其中 W-92 号异常具有明显三级浓度分带,在该异常周围已发现 X12 钨矿点。东南侧富集区的异常规模比另外两侧大,且 W-355、W-372、W-375、W-387、W-390 号等大规模异常联系紧密。研究区内 W 元素异常与已发现的钨矿床(点)有一定的套合性,且在研究区东南侧异常大规模聚集,展现出了很大的钨找矿潜力。

Mo 元素是区内的重要成矿元素,主要呈椭圆状、带状和港湾状零星分布,分布较均匀,多数为小规模异常,整体沿区内断裂呈北西向和北东向展布,受区内构造控制明显。根据研究区内 Mo 异常分布特点,研究区异常分为西南侧富集区和东北侧富集区。研究区西北侧和东南侧异常数量较少,规模也较小,各异常之间也无紧密联系;研究区西南侧异常富集区单个异常规模较一般,Mo-247、Mo-254 号等异常分布面积不大,但都具有明显的三级浓度分带,且异常间距较小,可将其看作一个异常聚集区;在研究区东北侧,各异常间联系更加紧密,规模相对于研究区其他位置也更大,Mo-93 号、Mo-154 号、Mo-190 号这 3 个异常在区内规模较大,且相互之间距离较近,可以将其看作一个整体异常,在该异常附近已发现 X7 钼矿点、X14 钼矿点和鲁日玛洛后钼矿化点。研究区内 Mo 异常富集区与已发现的多处钼矿点位置相近,表现出较好套合性,展现出了较大的钼找矿潜力。

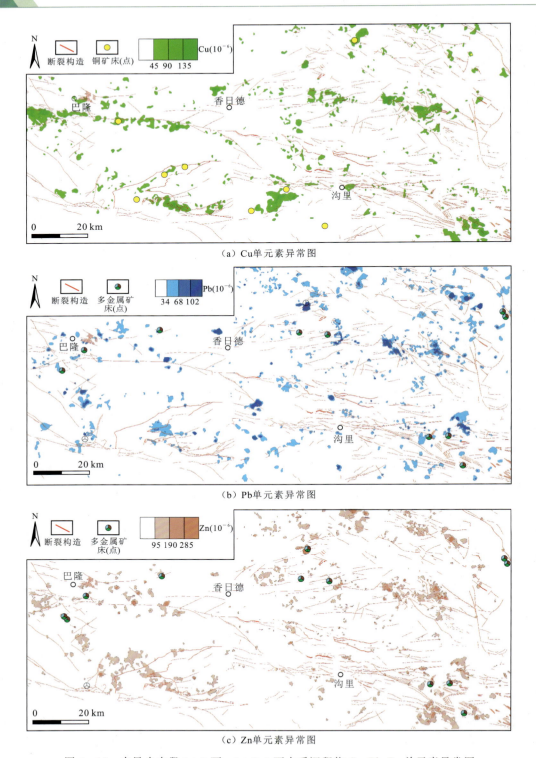

图 4-18 东昆仑东段 1:5 万—1:2.5 万水系沉积物 Cu、Pb、Zn 单元素异常图

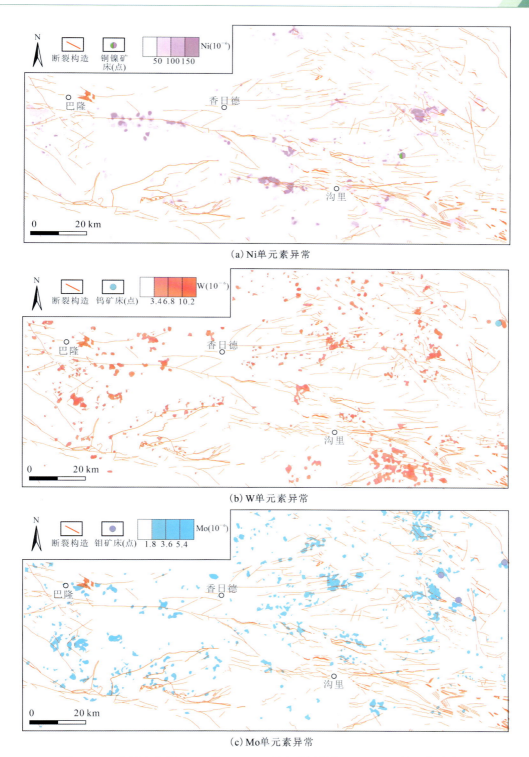

图 4-19　东昆仑东段 1∶5 万—1∶2.5 万水系沉积物 Ni、W、Mo 单元素异常图

(四)组合异常特征

根据研究区内各元素数据结构特征、相关性与聚类分析,并结合区内分布的矿床类型及主要成矿元素地球化学性质、成矿地质特征及与异常空间分布关系,大致可将14种元素分为4类元素组合,即Au-Ag-As-Sb、Cu-Pb-Zn-Ag、Cu-Cr-Co-Ni、W-Sn-Mo-Bi元素组合,现将其特征叙述如下。

1. Au-Ag-As-Sb异常组合

该组异常组合主要分布在研究区的东南侧和西侧(图4-20),而中部组合分布较少,所以按照分布情况将组合异常分为4个富集区,分别为西北富集区、东北富集区、西南富集区和东南富集区,总体沿区内北西西向断裂分布。由图4-20可以看出,4种元素的地球化学场有许多相似之处,在很多地方共高共低,但研究区各部分主元素异常还是有一些差异,例如在研究区西侧以Au为主元素,而在东侧以Ag为主元素,以As和Sb为主元素的异常组合分布较少。

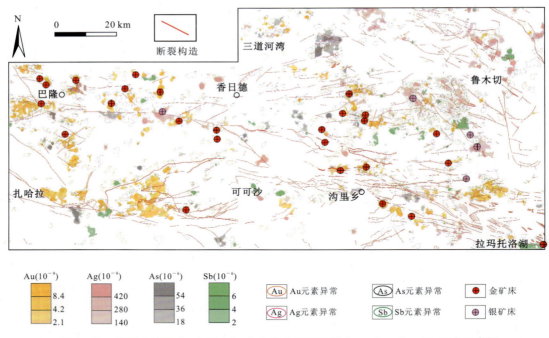

图4-20 东昆仑东段1∶5万—1∶2.5万水系沉积物Au-Ag-As-Sb异常组合图

(1)在研究区西北侧巴隆—香日德一带,异常多分布于前寒武系变质岩中,多为不规则状,异常规模较大,浓度分带明显,各元素之间套合关系较好。主异常元素Au中Au-10号异常分布面积较大,且有明显的三级浓度分带,极值点浓度高达$33×10^{-9}$,近15倍于Au元素异常下限,异常规模较大,该异常与Ag-232、As-89、Sb-49号异常范围相一致,套合关系较好;主异常元素Au中Au-113号异常覆盖面积一般,但有明显的浓度分带,极值点异

常 $32.5×10^{-9}$,近 15 倍于异常下限。在该地区发现有多个金、银矿床(点),如巴隆金矿床、乌妥沟银多金属矿床等,找金、银矿潜力较大。

(2) 在研究区东北侧三道河湾—鲁木切一带,异常多分布于古元古界金水口岩群变质岩和加里东期的闪长岩中,整体呈北西西向展布,多为不规则状或椭圆状分布。该地区异常规模较大,浓度分带明显,各元素异常之间套合关系较好。主异常元素 Au 中 Au-196 号异常分布面积较大,且有明显的三级浓度分带,与 Ag-149、As-104、Sb-59 号异常范围重叠较多,套合关系好;主异常元素 Ag 中 Ag-155 号异常分布面积较大,且有明显的三级浓度分带,与 Au-209、As-80、Sb-42 号异常分布范围基本一致,套合性极好。在该区域内已发现有达热尔金矿点、色日金矿床和哈日扎银多金属矿床等多个金、银多金属矿床(点),是寻找金、银矿潜力较大的地区。

(3) 在研究区西南部扎哈拉—可可沙一带,异常主要分布在古元古界金水口岩群和下古生界奥陶系变质岩中,整体呈东西向展布,多为不规则状,异常组合多以 Au 为主元素。该地区异常规模不大,异常面积分布也不大,但浓度分带明显,各元素异常之间套合关系较好。主异常元素 Au 中 Au-490 号异常分布面积较大,且有明显的三级浓度分带,与 As-272、Sb-168 号异常范围重叠较多,套合关系好;该区其余异常规模较小,各异常之间套合关系也一般。在该地区仅发现古尔班鄂金多金属矿点 1 处矿点,找金、银矿潜力一般。

(4) 在研究区东南侧沟里—拉玛托洛湖一带,异常主要分布在古元古界金水口岩群变质岩和海西期的花岗闪长岩中,整体呈北西向和近东西向展布,多为不规则状,主异常元素多为 Au 元素。该地区异常规模一般,异常分布面积不大,但有明显的三级浓度分带。主异常元素 Au 中 Au-567 和 Au-570 号异常分布面积较大,可见明显的三级浓度分带。Au-567 号异常与 Ag-532、As-342、Sb-194 号异常有部分重叠,套合关系较好;Au-570 号异常与 Ag-534、As-309、Sb-198 号异常大范围重叠,套合关系好。已在该地区发现果洛龙洼、德龙等多处金矿床和那更康切尔沟等银矿床,区内有较大的金、银找矿潜力。

2. Cu-Pb-Zn-Ag 异常组合

该组异常组合主要分布在研究区的四角,研究区中部异常分布较少,仅有部分 Ag 异常。研究区异常整体呈北西西向,与区内北西西向断裂方位一致,主要出露于古元古界金水口岩群变质岩中(图 4-21)。按区内异常分布情况,可以将该异常组合分为 3 个富集区,分别为西北侧富集区、东北侧富集区和南侧富集区。区内以 Cu、Pb、Zn 为主元素的异常组合较多,而以 Ag 为主元素的异常组合相对较少。

(1) 在研究区西北侧巴隆—香日德一带,异常主要分布于中元古界长城系变质岩和海西期闪长岩中,整体呈东西向展布,为不规则状,异常规模较大,三级浓度分带明显,主要以 Cu 为主元素异常。Cu-90 号异常分布范围大,具有明显的三级浓度分带,极值点较高,其与 Zn-117、Ag-232 号异常分布上有大量重合,异常套合关系较好,而与 Pb 元素异常套合关系一般。在该地区已发现巴力根特铜矿床,此地区具有一定的铜铅锌多金属找矿潜力。

(2) 在研究区东北侧三道河湾—鲁木切地区,异常主要分布于古元古界金水口岩群变质岩和加里东期云英闪长岩中,整体呈北西向展布,为不规则状,异常组合中多以 Cu、Pb 为主元素。Cu-143 号异常分布面积较大,具有明显的三级浓度分带,异常规模较大,与 Pb-

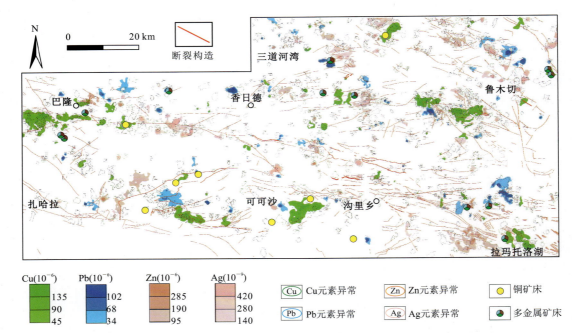

图4-21 东昆仑东段1∶5万—1∶2.5万水系沉积物Cu-Pb-Zn-Ag异常组合图

196、Zn-171、Ag-222号三个异常之间重叠面积较大,互相套合关系较好。该地区已发现屋阿图沟、占卜扎勒等多个铜多金属矿床(点),具有较好的铜多金属找矿潜力。

(3)在研究区南侧扎哈拉—帕龙沟地区,异常主要分布于古元古界金水口岩群变质岩和石炭系哈拉郭勒组变质岩-碎屑岩中,整体呈近东西向展布,为不规则状,异常套合中多以Cu、Pb元素为主元素。该地区异常分布较分散,单个异常面积一般,但异常数量较多,且有明显浓度分带,整体异常规模较大。Cu-296号异常面积不大,具有三级浓度分带,与Zn-313号异常有一定的套合关系,其余异常之间套合关系较差,在该区已发现克里则、得尔龙沟内和克合特等多个铜多金属矿点,具有较大的铜铅锌多金属找矿潜力。

3. Cu-Cr-Co-Ni异常组合

该组异常组合主要分布在研究区的南侧和西北侧,在东侧和中部异常较少,整体呈近东西向和北西向展布,与区内东西向和北西向断裂位置分布较为重合(图4-22)。异常主要出露于古元古界金水口岩群变质岩和海西期闪长岩中。按照区内异常分布情况,将该组合异常分为3个富集区,分别为西北侧富集区、北侧富集区和南侧富集区。区内以Cu主元素异常为主,以Co和Cr为主元素的异常组合分布较少。

(1)在研究区西北侧巴隆—香日德一带,异常主要分布在中元古界长城系变质岩中,呈近东西向展布,为不规则状,此部分异常多以Cu为主异常元素,异常数量不多,但异常规模较大,同时具有一定的浓度分带。Cu-90号异常面积较大,三级浓度分带明显,其与Cr-20、Co-94、Ni-53号异常分布相互重叠,异常套合程度较高。在该区已发现巴力根特铜矿

第四章 综合勘查技术应用与研究

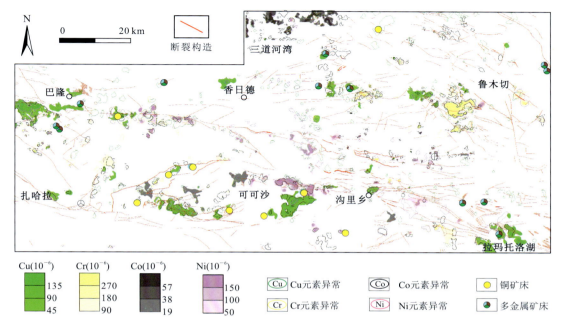

图 4-22 东昆仑东段地区 1∶5 万—1∶2.5 万水系沉积物 Cu-Cr-Co-Ni 异常组合图

床和香日德镇益克火勒特多金属矿床,显示出一定的铜多金属找矿潜力。

(2)在研究区北侧三道河湾—鲁木切一带,异常主要分布在上古生界石炭系碎屑岩-碳酸岩中,呈北西向展布,为不规则状,该区北侧为 Co 主元素异常,其余地方则是以 Cu 为主异常元素,异常数量一般,但总体面积较大且规模也较大。Co-5 号异常分布面积很大,具有明显浓度分带,异常规模较大,其与 Cu-5、Cr-5、Ni-9 号异常有部分重叠,呈现出较好的套合关系。Cr-61 号异常分布面积大,具有明显浓度分带,异常规模大,与 Cu-143、Co-90、Ni-47 号异常分布基本完全重叠,展现出极高的套合程度。在该区已发现屋阿图沟、占卜扎勒等多个铜多金属矿床(点),具有较好的铜多金属找矿潜力。

(3)在研究区南侧扎哈拉—拉玛托洛一带,异常主要分布在海西期花岗闪长岩中,呈近东西向和北西向展布,为不规则状、椭圆状,多以 Cu 为主异常元素,异常数量较多,面积较大,总体规模较大。Cu-305 号异常分布面积一般,但浓度分带较为明显,极值点数值较高,其与 Co-200 号异常套合完美,与其他元素套合较差。在该区已查明督冷沟铜钴矿床、浪木日铜镍矿床等多个铜多金属矿床,具有很大的铜多金属找矿潜力。

4. W-Sn-Mo-Bi 异常组合

该组异常组合主要分布在研究区的西侧、东北侧和东南侧,在南侧较少,整体呈椭圆状、圆状分布于研究区各处,其展布方向部分为北西向,大多数为无规则方向,与区内断裂构造方位不一致(图 4-23)。区内异常主要出露于中元古界地层和海西期、加里东期酸性岩体中。按照区内异常分布情况,该组合异常可分为 3 个富集区,分别为西侧富集区、东北侧富集区和东南侧富集区。在研究区西侧各异常中主要以 Mo 为主元素异常,东北侧以 Bi 为主元素异常,而在东南侧又是以 W 为主元素异常。

(1)在研究区西侧巴隆—可可沙一带,异常主要分布在加里东期花岗闪长岩和石英二长闪长岩中,呈不规则状展布,异常大多以 Mo 为主元素。该区异常分布范围一般,且数量也不多,整体异常规模不大。Mo-254 号异常是该侧中相对较大的异常,可见明显的浓度分带,其与 Sn-144、W-257 号异常在分布上有一定的重合,与 Bi 元素异常未见重合。该区整体各元素套合关系一般,且在该区域未发现钨、锡、钼金属矿产,在该区内找钨、锡、钼金属矿潜力较一般,但具有一定的找矿指示意义。

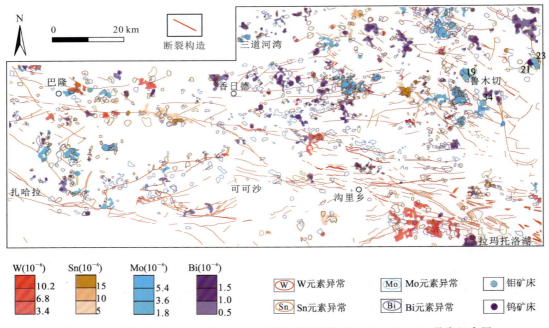

图 4-23　东昆仑东段 1∶5 万—1∶2.5 万水系沉积物 W-Sn-Mo-Bi 异常组合图

(2)在研究区东北侧三道河湾—鲁木切一带,异常主要分布在海西期花岗闪长岩和印支期二长花岗岩中,多呈不规则状,部分为北西向展布,可见 Mo、Bi、Sn 主元素异常,基本没有 W 主元素异常。该区单个异常整体分布面积不大,但异常数量很多,且异常浓度分带明显,整体异常规模较大。Mo-113 号异常是该区分布范围较大且具有明显三级浓度分带的异常,其与 W-114、Bi-167、Bi-168 号异常在分布上基本保持一致,虽然与 Sn 元素异常未见重合,但整体异常套合性较好,且在研究区的东北侧已发现鲁日玛洛后、X7、X14 钼矿点和 X12 钨矿点,所以研究区东北侧具有较大的钨、钼多金属找矿潜力。

(3)在研究区东南侧沟里—拉玛托洛湖一带,异常主要分布在中元古界长城系小庙岩组变质岩和加里东期花岗闪长岩中,W 主元素异常在区内集中分布,异常分布范围一般但异常浓度较高,整体异常规模较大。W-390 号异常分布面积较大,且具有明显的三级浓度分带,与 Bi-510 号异常分布范围大量重叠，套合较好，而与 Sn、Mo 套合较一般，该区尚未发现钨、钼矿床(点)，但大规模高浓度的 W 异常，表明区内有一定的钨找矿潜力。

(五) 综合异常特征

通过对研究区 14 种元素区域地球化学特征、异常元素组合特征及地区成矿潜力的分析推断，对全区 14 种元素进行了综合研究。按照各元素所确定的异常下限，在数据图中圈定各元素的单元素异常图，再将各元素异常按不同元素分类组合绘制在一张图上，作出组合异常图。将各单元素异常进行重叠，对全区中的单点异常、异常元素组合差、成矿地质条件差的异常进行选择性的剔除，另外，对个别分布面积较大的综合异常，根据地质条件及其相互连接薄弱处，对其进行分割，构成综合异常图。

根据研究区内水系沉积物元素含量数值结构的初步研究，认为成矿元素的异常规模与矿床中成矿元素的储量有正相关关系，且多元素的"峰"相套合(不同地球化学性质的两组以上元素，单元素 4 个以上)为普遍的特征，表明若干不同性质的元素由互不相关转为互相关联，是成矿作用的普遍特征。由此本次综合异常划分，是以多元素"峰"值区相套合为标志。划分原则如下：①不同地球化学性质的两组元素。单元素异常有 2 个以上，其中必含一种成矿元素。②异常连续性好，浓集中心明显的异常。③以主成矿元素相互套合的自然边界作为综合异常边界。根据设计要求的划分原则，将综合异常分为三类。甲类异常：见矿或矿致异常；乙类异常：推断矿致异常或对找矿和解决某些地质问题有意义的异常；丙类异常：性质不明异常。

本区共圈定三类异常共 220 个，甲类异常 51 处(其中甲 1 类异常 21 个、甲 2 类异常 30 个)；乙类异常 121 处(乙 1 类异常 49 处、乙 2 类异常 35 处、乙 3 类异常 37 处)；丙类异常 48 处(图 4-24)。研究区内圈出的综合异常数量较多，无法将所有异常及编号在图中展现出来，在图中将 21 个甲 1 类异常进行重点展示。从研究区综合异常中成矿主元素情况看，其中成矿元素以 Au、Ag、Cu、Pb、Zn、W、Ni 为主，其伴生组合元素 As、Sb、Mo、Cr、Co、Bi、Sn 多起到指示元素作用，但不排除其单独成矿的可能性。

研究区内地层较为复杂，自元古界到新生界均有出露。侵入岩在研究区大范围出露，以印支期、海西期和加里东期中酸性岩体为主，岩性主要为石英花岗岩、正长花岗岩、二长花岗岩等。区内断裂构造发育，具有多期活动的特点。以近东西向昆中断裂及其北西向次级断裂为主，同时还发育数量众多的次级张性和扭性断裂，多为北西向、北西西向和北东向。研究区化探异常总体受地层、岩体以及构造控制明显，集中分布在东侧和中部，沿北西方向呈现出中—高温元素组合至中低温元素组合的分带特征。

研究区西侧巴隆—巴哈拉一带，以 Au、Ag、Cu、Pb 等中—低温元素组合为主，主要分布在古元古界金水口岩群变质岩和加里东期闪长岩、海西期花岗闪长岩中，异常长轴方向多与北西向构造一致。异常表现为面积大，强度高，套合性好，如 $HS^{153}_{甲1}$ AuCu(AgAsBiPbZnSnNiW)、$HS^{91}_{甲1}$ AuCu(AgSbSnWBiCuPb) 综合异常区等成矿地质条件较好，异常套合性较好，规模也较大。区内已有金、银、铜等成矿事实，表明该地段具有较好的金银铜多金属找矿潜力。

研究区中部香日德—沟里地区，以 Au、Ag、Cu、W、Bi 等中—高温元素组合为主，主要分

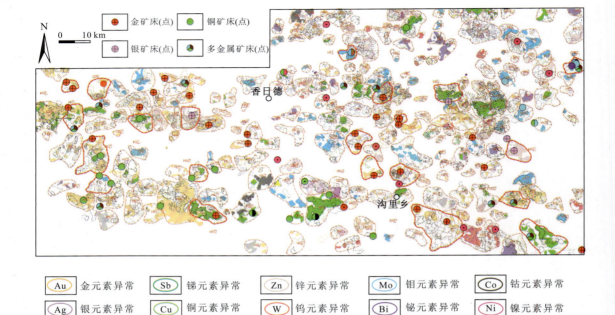

图 4-24 东昆仑东段万水系沉积物测量综合异常图

布在古元古界的金水口岩群变质岩和加里东期的闪长岩、海西期的花岗闪长岩中,异常呈不规则状,偏南侧异常长轴为北西向,与区内构造方向相一致。该部分异常大多面积较小,规模一般,但 $HS_{甲1}^{206}$Au(AgAsCuPbNiWMoBi)异常面积较大,规模也较大,与矿床套合较好,异常内已发现有金成矿事实,展示出了巨大的金找矿潜力。

研究区东侧鲁木切—拉玛托洛湖一带,以 Ag、Cu、Pb、Mo、W 等中—高温元素组合为主,主要分布在海西期花岗闪长岩和印支期二长花岗岩中,呈不规则状、椭圆状展布,多数异常长轴方向与北西向构造一致。异常表现为规模大,峰值高,套合好,且该区综合异常的主元素不一致,有以 Cu 为主元素的 $HS_{甲1}^{78}$、$HS_{甲1}^{219}$,以 Ag 为主元素的 $HS_{甲1}^{147}$,以 Mo、W 为主元素的 $HS_{甲1}^{57}$ 号综合异常。异常区内已发现有银、钨、钼、铜等多金属成矿事实,显示出了该区银、钨、钼、铜等多金属找矿潜力。

二、原生晕地球化学测量

研究区部分矿床浅部资源已趋于消耗殆尽,深边部找矿任务日益紧迫。为此,本书选取果洛龙洼典型金矿 0 线、63 线、125 线重点钻孔,采取全孔取样方法开展钻孔原生晕地球化学测量,总结矿床的原生晕叠加找矿模型,为该矿床和区内类似矿床深部找矿提供参考依据。

第四章 综合勘查技术应用与研究

(一)元素组合特征

本书采用多元统计方法中的因子分析来研究各元素间的组合特征。结果表明,果洛龙洼金矿床相关样品测试数据提取5个主成分分析因子时,累计的方差贡献率达到了71.2%,超过了标准(65%),故可认为这一结果为综合考虑绝大部分变量的结果。为了使地质意义更加明确,对因子载荷矩阵进行了方差极大旋转(表4-6),获得 F_1 因子为 Au、Ag、As、Sb、Bi、Hg; F_2 因子为 Ni、Ti、Co、Cr; F_3 因子为 Sn、Mn; F_4 因子为 Pb、Zn; F_5 因子为 Cu。从因子分析的结果来看,主因子之间的各个元素都体现出了较好的亲缘性。其中 F_1 代表着主成矿阶段与金成矿关系密切的元素, F_2 因子为相容元素,与原岩为变火山岩有关。而 F_3、F_4、F_5 则代表着中—高温的伴生元素。

表4-6 果洛龙洼金矿床R型因子分析旋转因子载荷矩阵(引自陈俊霖等,2017)

元素	主因子				
	F_1	F_2	F_3	F_4	F_5
Au	**0.66**	0.10	0.18	0.20	−0.12
Sn	0.04	0.18	**0.60**	0.41	−0.06
Ag	**0.81**	0.20	−0.25	−0.02	0.13
As	**0.69**	0.18	−0.29	0.33	−0.16
Sb	**0.54**	0.19	0.22	0.12	−0.33
Bi	**0.66**	0.22	0.04	0.23	0.26
Hg	**0.68**	0.21	0.12	0.01	0.15
Cu	0.24	0.25	0.19	−0.13	**0.67**
Pb	0.55	0.17	0.20	**−0.64**	−0.13
Zn	0.27	0.17	0.29	**−0.73**	−0.16
Co	−0.29	**0.83**	−0.06	0	0.19
Ni	−0.3	**0.84**	−0.13	0.01	−0.28
Ti	−0.37	**0.40**	0.42	0.15	0.38
Mn	0.32	0.10	**−0.69**	0.02	0.06
Cr	−0.35	**0.75**	−0.18	0	−0.34
Mo	0.05	−0.12	−0.36	−0.08	0.21
W	0.26	−0.24	0.30	0.20	−0.35
总特征值	2.78	2.43	1.88	1.69	1.57
累计方差贡献率(%)	30.69	46.78	57.74	65.02	71.20

(二)原生晕分带特征

1. 原生晕的浓度分带

元素的浓度分带研究首先以确定异常下限为基础。数据处理流程如下:对元素的含量以平均值加减 2 倍标准离差进行循环剔除特高值以及特低值,然后对合理范围内的点按照平均值加 2 倍标准离差确定异常下限(Ca)。以 1 倍、2 倍、4 倍异常下限确定外、中、内带(表 4-7),由于研究采用的为全孔采样,导致标准离差较大,故不同元素内中外带的确定会稍作调整(图 4-25~图 4-27)。

表 4-7　成晕元素浓度分带参数(引自陈俊霖等,2017)

参数	Au	Sn	Ag	As	Sb	Ti	Cu	Pb	Zn	Co	Mn
0 线($\bar{X}$)	0.003	0.119	0.019	0.021	0.052	0.312	0.102	0.007	0.027	0.275	0.023
0 线(S)	0.004	0.043	0.014	0.023	0.049	0.086	0.123	0.006	0.008	0.075	0.010
0 线外带(Ca)	0.011	0.205	0.047	0.067	0.150	0.484	0.348	0.019	0.043	0.425	0.043
0 线中带	0.022	0.307	0.094	0.134	0.300	0.726	0.522	0.029	0.086	0.637	0.064
0 线内带	0.044	0.410	0.188	0.268	0.600	0.968	0.696	0.039	0.172	0.850	0.085
63 线($\bar{X}$)	0.089	0.128	0.023	0.045	0.092	0.195	0.125	0.014	0.032	0.150	0.035
63 线(S)	0.021	0.019	0.045	0.043	0.034	0.072	0.072	0.012	0.018	0.045	0.015
63 线外带(Ca)	0.131	0.166	0.113	0.132	0.160	0.339	0.182	0.038	0.068	0.240	0.065
63 线中带	0.260	0.249	0.226	0.197	0.320	0.509	0.364	0.074	0.102	0.360	0.130
63 线内带	0.520	0.332	0.452	0.263	0.640	0.678	0.728	0.148	0.135	0.480	0.260
125 线($\bar{X}$)	0.023	0.168	0.015	0.041	0.067	0.289	0.068	0.013	0.034	0.183	0.089
125 线(S)	0.022	0.028	0.009	0.013	0.068	0.064	0.044	0.007	0.023	0.051	0.003
125 线外带(Ca)	0.067	0.224	0.032	0.067	0.234	0.417	0.157	0.027	0.079	0.286	0.096
125 线中带	0.134	0.336	0.064	0.101	0.351	0.626	0.235	0.041	0.119	0.429	0.144
125 线内带	0.268	0.448	0.128	0.134	0.468	0.835	0.313	0.054	0.159	0.572	0.192

注:数据为原始数据无量纲化,Ca 为异常下限,$\bar{X}$ 为背景值,S 为标准离差。

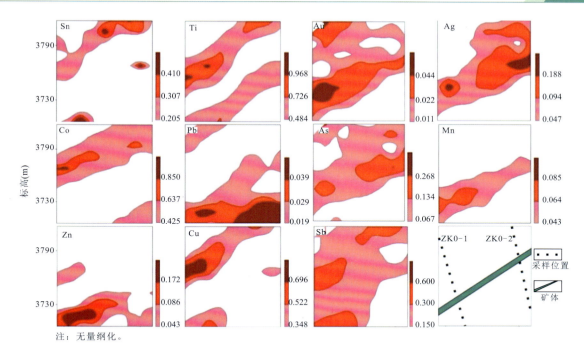

图 4-25 0 线成晕成矿元素浓度分带(引自陈俊霖等,2017)

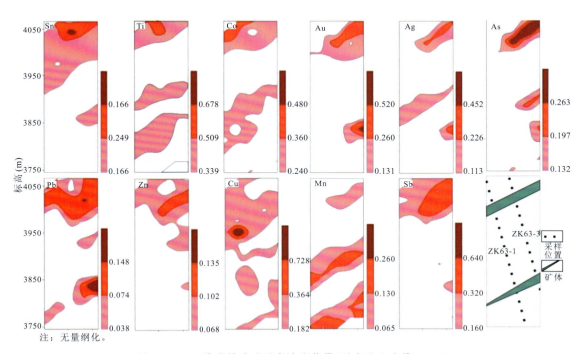

图 4-26 3 线成晕成矿元素浓度分带(引自陈俊霖等,2017)

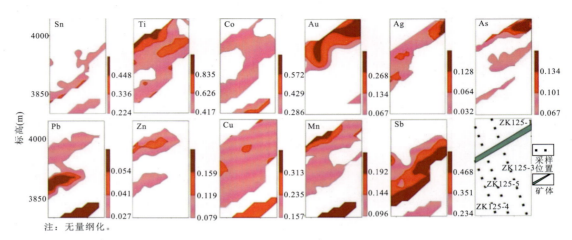

图 4-27　25 线成晕成矿元素浓度分带(引自陈俊霖等,2017)

根据表 4-7 所列的参数,绘制了 0 线、63 线、125 线的元素异常图,3 个剖面图中所反馈的元素组合与浓度分带基本一致,显示有如下的特征:①As、Sb、Ag、Cu、Ti、Co 这 6 种元素在矿体的头部具有明显的浓集中心,特别是 As、Ag 在头部具有内中外带,且这 6 种元素沿着矿体愈往下异常强度愈弱。②Au、Zn 这 2 个元素在矿体的中上部的异常强度较强,且只集中在矿体的中上部,在别的部位均无异常。③Sn、Mn 这 2 个元素的异常主要集中在矿体的下部,Sn 在矿体头部也出现了异常,但在尾部的异常较大。

依据上述特征,结合因子分析结果,定性确立前缘晕为 As、Ag,近矿晕为 Au、Zn,尾晕为 Sn、Mn。李惠等(1999)总结的典型石英脉型金矿的分带序列为 Hg-B-As-Sb-Ag-Cu-Pb-Au-Zn-Bi-Mo-Mn-Co,与上述分析结果较为一致,故上述的元素组合及浓度分带特征是合理的,能够用来建立矿床叠加模型并判别矿区深部找矿潜力。

2. 矿床原生晕轴向分带

本次采用的是格里戈良提出的分带指数计算方法。根据前文所计算出的异常下限,以所有大于异常下限的数据作为研究对象,将不同中段中各元素异常平均值乘以其对应的控制距离,求得各元素的线金属量。将某元素的线金属量除以其所在各元素线金属线总和的比值来计算分带指数(表 4-8、表 4-9)。根据元素分带指数最大值所在的截面位置由浅至深将元素进行初步的排序。当同一标高上可能存在多个元素的最大值时,各元素在分带中更确切的位置由变异性指数(G)以及变异性指数的梯度差(ΔG)来确定(Govett et al.,1977)。经计算可得 125 线、63 线、0 线确切的原生晕轴向分带如下:

125 线:Bi-Pb-Ag-Au-Cu-W-As-Sb-Ni-Hg-Mn-Cr-Co-Sn-Zn-Mo-Ti。

63 线:Ag-Au-Zn-Ni-Sb-Co-Cr-Pb-Sn-W-As-Ti-Cu-Hg-Mn-Bi-Mo。

0 线:Pb-Cr-Bi-Ag-As-Hg-Ni-W-Ti-Cu-Co-Mn-Sn-Sb-Zn-Au-Mo。

表 4–8　125 线成晕成矿元素分带指数（引自陈俊霖等，2017）

元素	标准化系数	标准化后线金属量				分带指数			
		ZK125-2	ZK125-3	ZK125-5	ZK125-4	ZK125-2	ZK125-3	ZK125-5	ZK125-4
Au	1	1.68	1.98	1.04	0.41	0.04	0.05	0.03	0.01
Sn	1	0.83	0.96	0.83	1.45	0.02	0.02	0.02	0.03
Ag	10	5.35	2.04	2.12	4.39	0.12	0.05	0.06	0.08
As	10	5.29	7.23	3.61	4.93	0.12	0.17	0.10	0.09
Sb	1	2.21	3.06	2.21	3.41	0.05	0.07	0.06	0.07
Bi	10	4.21	0.50	1.12	1.38	0.09	0.01	0.03	0.03
Hg	10	0.97	1.07	0.97	0.97	0.02	0.03	0.03	0.02
Cu	1	0.95	1.31	0.34	1.37	0.02	0.03	0.01	0.03
Pb	10	6.16	2.29	1.01	3.56	0.14	0.05	0.03	0.07
Zn	10	3.80	5.53	3.80	8.80	0.09	0.13	0.10	0.17
Co	1	1.57	0.88	1.35	1.97	0.04	0.02	0.04	0.04
Ni	10	4.32	4.89	4.32	4.32	0.10	0.12	0.12	0.08
Ti	1	1.86	1.61	0.13	2.56	0.04	0.04	0.00	0.05
Mn	10	0.47	1.15	8.20	3.57	0.01	0.03	0.22	0.07
Cr	10	3.43	3.25	3.43	4.76	0.08	0.08	0.09	0.09
Mo	100	0.79	2.90	2.07	3.58	0.02	0.07	0.06	0.07
W	1	0.76	1.80	0.92	0.57	0.02	0.04	0.02	0.01
Σ		44.66	42.44	37.49	52.00				

注：无量纲化。

表 4–9　63 线、0 线成晕成矿元素分带指数

元素	标准化系数	标准化后线金属量		分带指数		标准化系数	标准化后线金属量		分带指数	
		ZK63-1	ZK63-3	ZK63-1	ZK63-3		ZK0-1	ZK0-2	ZK0-1	ZK0-2
Au	1	1.17	0.43	0.02	0.01	1	1.37	0.85	0.04	0.02
Sn	1	1.19	1.07	0.02	0.02	1	1.91	1.59	0.06	0.04
Ag	1	2.94	0.65	0.05	0.01	10	2.64	5.08	0.08	0.13
As	1	1.2	1.13	0.02	0.02	10	3.07	4.38	0.09	0.11
Sb	1	1.99	1.34	0.04	0.03	1	1.25	0.98	0.04	0.02
Bi	10	2.9	5.04	0.05	0.1	10	0.75	1.54	0.02	0.04

续表 4-9

元素	标准化系数	标准化后线金属量		分带指数		标准化系数	标准化后线金属量		分带指数	
		ZK63-1	ZK63-3	ZK63-1	ZK63-3		ZK0-1	ZK0-2	ZK0-1	ZK0-2
Hg	10	6.17	7.87	0.11	0.15	10	3.29	4.45	0.1	0.11
Cu	1	2.13	2.33	0.04	0.05	1	2.36	2.36	0.07	0.06
Pb	10	6.23	4.76	0.11	0.09	10	1.24	3.29	0.04	0.08
Zn	10	8.71	4.48	0.16	0.09	10	3.29	2.26	0.1	0.06
Co	1	2.67	1.8	0.05	0.04	1	2.62	2.58	0.08	0.07
Ni	10	7.54	4.5	0.14	0.09	1	1.5	1.91	0.04	0.05
Ti	1	2.13	2.28	0.04	0.04	1	2.59	2.75	0.08	0.07
Mn	1	0.7	1.16	0.01	0.02	10	2.76	2.3	0.08	0.06
Cr	10	5.26	3.73	0.09	0.07	1	0.96	2.06	0.03	0.05
Mo	10	1.64	7.34	0.03	0.14	1	1.13	0.25	0.03	0.01
W	1	1.29	1.08	0.02	0.02	1	1.01	1.08	0.03	0.03
Σ		55.85	50.98				33.63	39.71		

3. 原生晕轴向分带序列分析

经过对比与分析,由3条勘探线的轴向分带序列可知,一些元素在不同的勘探线上的排序具有共性,例如 Pb-Ag-As 在3条勘探线中均排在靠前的位置,Mo-Sn-Mn 均排在靠后的位置,这可为前缘晕与尾晕元素组合的确定提供另一层次的依据。而3条勘探线排序不同之处有①0线中的 Au、Zn、Sb 在分带序列中处于靠后的位置,能为深部矿体预测提供指示信息;②63线在深部出现了 As、Hg 等典型前缘晕组合的"反分带"现象,这很大程度上预示着深部出现盲矿的可能(李惠等,1999);③125线中 Sb、Hg 在分带中处于中间位置,而 W 排在 Sb、Hg 之前,可能为矿体受到一定的剥蚀所致;④Au 元素所处的位置在3条勘探线中较为分散,可能是由金矿床多期多阶段成矿作用所致。

(三)原生晕叠加模型

结合前述因子分析结果以及元素的浓度分带特征与原生晕轴向分带计算结果,综合确定矿床前缘晕为 Pb-Ag-As,尾晕为 Mo-Sn-Mn,近矿晕为 Au-Zn。并以前缘晕元素组合(Pb-Ag-As)的分带指数累乘值与尾晕元素组合(Mo-Sn-Mn)分带指数累乘值之比作为原生晕轴向叠加的地球化学参数。该地球化学参数可以反映前缘晕相对尾晕的发育程度,若该参数值越大,则意味矿体头部晕特征越明显,深部越可能出现盲矿,反之则表明深部成矿可能性越小。

根据3条勘探线的原生晕轴向分带特征结合地球化学参数变化特征,建立了原生晕叠加理想模型(图4-28):①在原生晕轴向分带序列中,0线、125线以近矿晕与尾晕叠加为特征,63线以前缘晕与尾晕叠加为特点。这些特征都在不同程度地预示着深部隐伏矿体存在的可能;②综合3条地球化学参数变化曲线特征可知,3条曲线均有1~3次的震荡,这与该矿床的成矿流体多期多阶段活动有关,且3条曲线在深部都有升高的趋势,均预示着往深部仍有新矿体出现的可能。

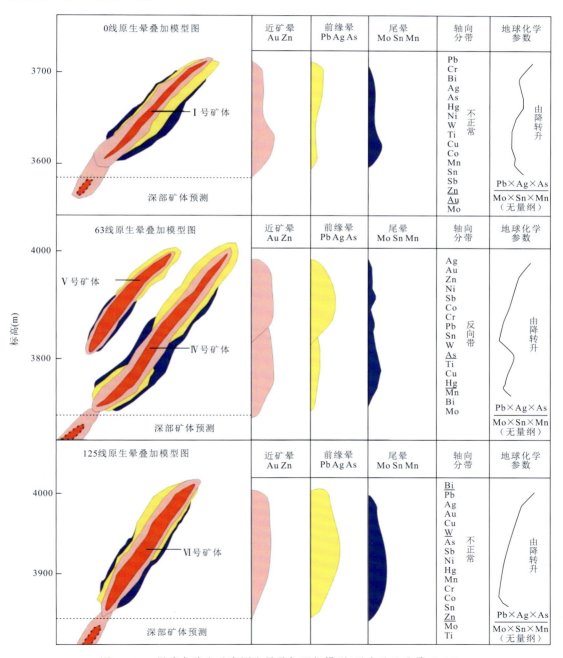

图4-28 果洛龙洼金矿床原生晕叠加理想模型(引自陈俊霖等,2017)

为了使深部矿体预测更具实际意义,绘制了地球化学参数等值线图并与勘探线剖面相叠加进行详细对比(图4-29),该等值线图能够直观地反映前缘晕的元素组合在空间的赋存位置与已知矿体的相互关系。再结合该地区构造控矿规律以及物探 EH4 特征,综合进行深部找矿靶区的圈定。①原生晕特征依据:在 ZK0-1 的标高 3650 m 处出现了前缘晕富集处,与此处的Ⅰ号矿体对应,并且愈往深部随矿体尖灭后前缘晕逐渐消失,但是在 ZK0-3 的南侧 3600 m 处前缘晕含量突然增加,这意味着该处可能受深部另一矿体前缘晕的叠加;ZK63-4 的 3700 m 处有前缘晕含量升高的趋势,结合 63 线原生晕轴向分带序列可知,在 63 勘探线深部出现了"反分带"的特征,且Ⅳ号矿体已被工程控制,指示深部有另一盲矿的可能;在 ZK125-3 钻孔与 ZK125-5 钻孔的前缘晕高值处发现了Ⅵ号矿体,且前缘晕异常有向深部偏南持续延伸的趋势,说明了在Ⅵ号矿体的深部可能还会有新矿体发现的可能。②物探 EH4 依据:根据该地区物性特征可知,中—低值电阻率可能为含硫化物石英脉或含矿千糜岩,即中—低值电阻率可作为直接找矿标志之一。从目前掌握该地区 EH4 的资料来看,0 线与 125 线在标高 3600 m、3850 m 往深部出现了较为明显的中—低值电阻率地段,指示深部均有较好的成矿潜力,而 63 线深部的成矿潜力相对较弱一些。③构造控矿依据:该地区受断裂构造控矿规律十分明显,从 125 线到 0 线的矿体总体呈向东侧伏,且侧伏角度较小,指示着该地区矿化空间富集规律为由东向西逐渐降低的趋势。因此从 125 线至 0 线的深部隐伏矿体出现的标高也应呈逐渐降低的规律。

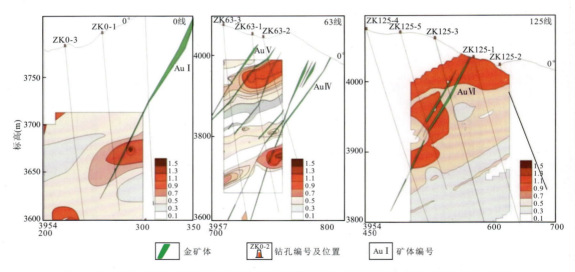

图 4-29 0 线、63 线、125 线前缘晕与尾晕分带指数比值等值线图(引自陈俊霖等,2017)

三、小 结

本书采用的多目标复杂结构化探数据校正方法是在大量对比研究基础上优选出来的。在实际勘查过程中,对于化探数据方法的合理选择,需要有较长的实践总结。在不同面积、不同地形的工作区,其地球化学场分布都存在的差异,并不存在一个都通用的方法去适应每个地区的化探工作。因此需要针对不同工作区开展化探数据处理方法对比优选,不断完善建立方法选择的最优方案,将更适合的方法应用到实际的地球化学勘查工作当中,提取有效找矿信息。

研究区完成的1:5万水系沉积物测量可以为查明研究区地球化学场背景及特征,初步圈定异常区,划分异常类型,进一步开展矿产勘查工作提供依据。然而1:5万水系沉积物测量的采样密度虽然可以基本保证不漏掉异常,但往往难以真实、完整地反映异常的细节。同时在布置下一步工作时,由于选区本身就具有较大的不确定性,难以用几条地化剖面约束精细面积较大的异常,可能会漏掉部分矿体。1:2.5万水系沉积物测量工作是在1:5万工作的基础上选择重点区开展的,属于对区内1:5万水系沉积物的加密测量,具有快速、经济、异常形态准确,易于后期查证的特点,其数据量更大,可以弥补1:5万水系沉积物数据精度不足的缺陷。

区内开展的基于剖面的原生晕地球化学测量工作,研究了原生晕地球化学元素的浓度分带和指示元素随深度变化特征,建立了原生晕地球化学模型,有效地反映了深部地质体的元素聚集相对空间位置关系,对该地区深部矿体的预测有重要的指示意义。原生晕方法是地球化学寻找金属矿床最有效的手段之一,在寻找隐伏矿和深部矿产资源评价方面具有独特的优势。需要指出的是,元素空间分布应该是一个空间立体概念,其规律的研究应该在三维空间上开展,某一剖面上的分析往往存在片面性,在该方法实际使用过程中应充分考虑三维结构开展深部预测工作。

第三节 勘查地球物理应用与找矿信息提取

一、1:5万地面磁法测量

研究区以往地球物理勘查工作资料丰富,但是数据综合利用不足,解释与开发能力较弱,有效勘查深度较浅等,影响了其在实际找矿中的应用。为此,本书在充分收集前人在研究区开展的1:5万高精度地面磁测数据基础上,进行二次开发综合研究,总结地球物理控矿规律,提取区域地球物理找矿信息。同时针对寻找隐伏矿床中面临的实际问题,采用激电中梯和音频大地电磁测深相结合的方法,为"攻深探盲"寻找隐伏矿床提供依据。

(一)区域磁异常特征

前人的岩石磁性特征研究表明,区内地质体磁性差异明显。沉积岩大都是弱磁性或者无磁性,不同时代地层的磁性不均匀,推测与火山活动、变质活动和蚀变等因素有关。侵入岩的磁性一般与其基性程度呈正相关关系,即超基性和基性一般为中强磁性,中性或中基性一般为中等磁性,而酸性侵入岩除少数外,一般为弱磁性。

区域磁异常呈现出北西-南东向展布特征,磁异常强度和面积均属中等,单个异常走向复杂,变化较大(图4-30)。昆中深大断裂横跨研究区,以昆中断裂为界,根据总体磁异常特征将研究区分为两个大区。昆中断裂以北正负磁异常伴生存在,磁异常强度、梯度变化较大,出现大面积的负磁异常,等值线分布密集,其中有不少跳跃变化的磁异常。断裂以南则是以正磁异常为主,但正磁异常值总体较于北部偏小,出现小面积负磁异常,等值线分布稀疏。南部异常连续,异常东部与中部连成一片,为平静磁场区,局部磁异常缺乏。

对研究区内磁法数据进行化极处理,从(图4-30)ΔT 化极等值线平面图可以看出,化极后的异常向北有较小程度的偏移,磁异常的斜磁化影响被减弱,磁异常形态较原平面更加紧凑,正磁异常区面积减小,负磁异常区面积增大,化极后是以正磁异常为主的低缓异常,异

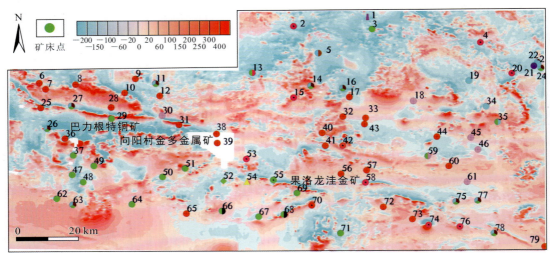

(a) ΔT 等值线平面图

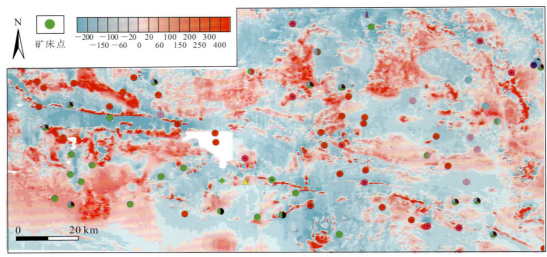

(b) ΔT 化极等值线平面图

图4-30 ΔT 磁异常分布平面图

常值均降低。化极不仅对磁异常的空间位置有影响,而且对磁异常形态也有所改变,化极后的磁异常位置、形态与测区内高磁性地质体的对应性更加准确。

方向导数可以对异常方向、磁性体边界以及断层等地质问题进行解释,通过对方向导数进行综合性判断可以对磁异常区域进行分析(付东阳,2021)。通过水平一阶和水平二阶方向导数图可以看出磁性变化构造的展布,化极后垂向一阶、二阶导数较好地反映了区内磁性体的轮廓,消除和减弱了异常间的相互影响,为后续解译提供了参考。导数处理后呈条带状、串珠状排列的特征显示出岩体的走向及不同构造的复杂性。对于物探工作,断裂信息往往表现为断层两侧的磁性变化,故磁法数据中断层往往会形成一定走向的磁性梯级带,断层规模越大,断层两侧磁性差异越大,梯级带越显著。

如图4-31所示,区内各水平方向梯度可以有效分辨与该方向垂直的线性构造。ΔT化极水平方向一阶30°方向导数、二阶30°方向导数磁异常呈北西-南东方向展布,ΔT化极水平方向一阶300°方向导数、二阶300°方向导数磁异常呈北东-南西向展布,30°方向导数较300°方向导数所表现的磁异常更为强烈,条带状异常特征明显。构造往往沿水平方向导数的极大值延伸,规模较大的断层两侧往往具有不同的异常形态。依据研究区内磁异常数据30°和300°水平一阶、二阶方向导数异常,可以识别出断裂构造,这些断层以北东向与北西向为主,近东西向次之。磁异常平面图反映出多组由含磁性岩矿石控制的断裂,其中主断裂为北西或北北西走向,被部分北东向次级断裂后期切割错断,是研究区基底大断裂的综合表现。

为了削弱局部干扰异常,压制浅部较小异常,突出深部异常,故对ΔT异常在化极的基础上进行了不同高度的向上延拓等处理(王建复,2015)。向上延拓可以消除或压制地表及浅部磁性体的干扰,反映地下不同深度范围内的磁性体分布情况,对比不同高度延拓图可以发现,磁性体具有一定继承性。

ΔT化极异常向上延拓仅有部分弱小异常消失,突出正磁异常值较高的地区。研究区东部巴隆、巴力根特和乌妥沟等地区沿东南方向的条带状磁异常清晰可见,中部迈龙和三岔口等地区分布有串珠状的大面积磁异常,且异常继承性良好。随着异常向上延拓高度的增加,可以看出异常变化很小,仅有少数杂乱的小异常体逐渐消失,由原来的多个异常中心合并成少数或一个异常,等值线逐渐变得圆滑(图4-32)。区域内大面积的正磁异常一直存在,衰减较慢,推测此类异常可能由深大构造引起的。

(二)断裂解译推断

断裂构造在异常图上的标志为①不同特征磁场区的分界线;②串珠状、带状或雁行排列异常带;③线性异常带;④异常突变带等。

依据上述划分要素,利用ΔT化极等值线平面图、化极方向导数异常图、ΔT化极上延异常等值线图等来推断解译断裂,推测断裂如图4-33所示。总体展布以北西、北北西和北东向为主,昆中断裂以北推测断裂分布密集且杂乱,以南推测断裂多以北东向为主。现对断裂异常特征叙述如下:

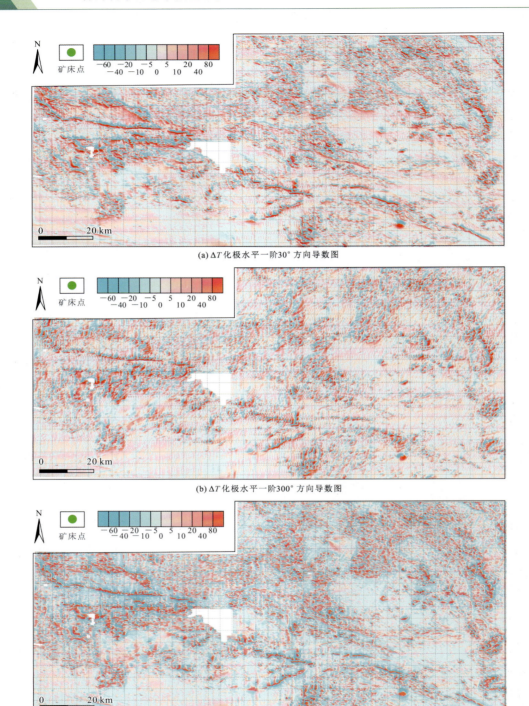

(a) ΔT 化极水平一阶30°方向导数图

(b) ΔT 化极水平一阶300°方向导数图

(c) ΔT 化极垂向一阶方向导数图

图 4-31 东昆仑东段地区 ΔT 化极方向导数彩色示意图

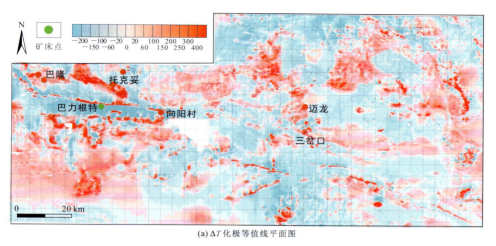

(a) ΔT 化极等值线平面图

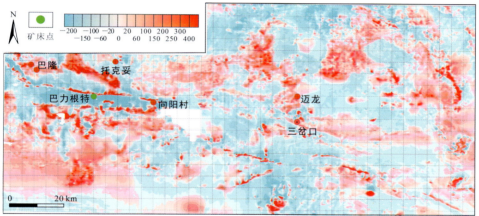

(b) ΔT 化极上延300 m等值线平面图

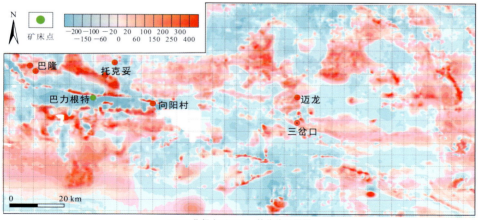

(c) ΔT 化极上延2000 m等值线平面图

图 4-32 东昆仑东段 ΔT 化极上延拓彩色示意图

昆中断裂为研究区一级断裂,北西向展布贯穿研究区全区。总体上呈弧形展布,在本区西部断裂走向近东西向,中部转为北西向,再向西转为近东西向,东部为北西向展布。断裂西部位于正磁异常区,穿过 3 个条带状异常区,两侧为负磁异常;中部磁异常较为平静、单调,断裂分布在正负异常的过渡带附近,磁异常发生明显的特征变化,即正负异常变化或异常值大小明显变化;研究区东部磁异常多为正磁异常,磁异常突变边界线与断裂吻合良好。研究区内二级断裂较为发育,等距分布特征明显,北部推断为北西向展布的断裂,南部多为北东向断裂。北西向断裂多具有斜穿区域磁场走向、磁异常连续性较差、并多数沿不同磁异常区的分界线出现的特征。根据磁异常特征可推断断裂信息,沿断裂(带)附近,尤其是与其他断裂交会地段,控制着区内部分矿床的分布。推断断裂与已知断裂吻合度较高。三级断裂多为研究区主要发育的北西西向断裂,同时发育北东向断裂,分布在二级断裂之间。断裂多分布在磁异常突变处,多数断裂穿过磁异常区展布,延伸长短不一,方向多变。昆中断裂两侧的地层中断裂近东西向发育,多分布在串珠状正磁异常附近,断裂信息表现为断层两侧的磁性变化。化极上延后磁异常特征依旧明显。

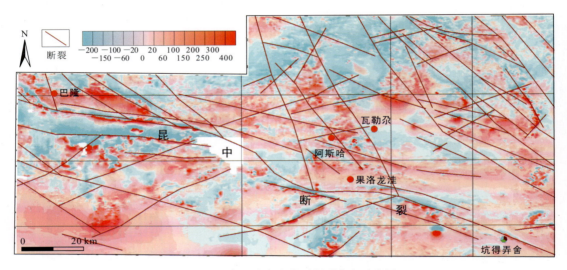

图 4-33　东昆仑东段推测断裂分布示意图

(三)高磁性体解释推断

依据研究区 ΔT 异常等值线、化极异常等值线等图,区内共推断高磁性体 65 个,其中基性—超基性岩体类 9 个,中酸性侵入岩类 40 个,火山岩地层类 11 个,矿致类 2 个,性质不明类 3 个。编号分别为 Y1、Y2…Y65(图 4-34),多数高磁性体推断为中酸性侵入岩类,且多数高磁性体区均与地表已经出露的岩体有较好的对应关系,如 Y3、Y4、Y5、Y11、Y12、Y13、Y20、Y30、Y45、Y46、Y61、Y62 等高磁性体,与研究区内出露似斑状二长花岗岩、花岗闪长岩、正长花岗岩、石英花岗岩等侵入岩体有较好的对应关系。

研究区内推断高磁性体与该地区"磁异常总体呈北西-南东向弧形展布,局部呈近东西向、北东向展布"的区域特征高度吻合。区内 Y1、Y2、Y14、Y24、Y48、Y49、Y51、Y58、Y62、Y63 等推断磁性体沿昆中断裂带呈北西向弧形展布,Y6、Y7、Y9、Y15 等推断高磁性体也呈北西向弧形展布于诺木洪地区。Y22、Y23、Y34、Y39、Y40 等推断高磁性体整体呈近东西向展布,Y17、Y18、Y45、Y56、Y57 等高磁性体呈北东向展布,与区域磁异常"局部呈近东西向、北东向展布"的规律也极为吻合。

选取 3 处高磁性体作为代表,其异常特征和推断解释如下。

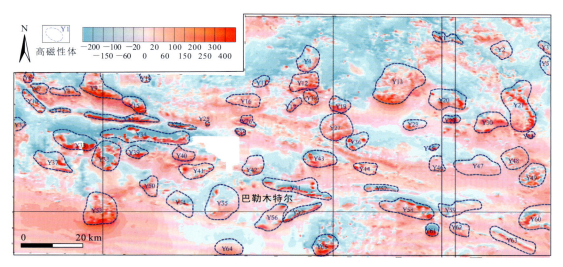

图 4-34　东昆仑东段推测高磁性体分布示意图

(1) Y55 高磁性体异常。巴勒木特尔地区 Y55 高磁性体异常区域位于研究区的中部,中心坐标为东经 $97°54'32''$,北纬 $35°39'52''$。区内发育 C44 异常,C44 异常为南北走向呈带状异常,长约 5 km,宽约 2 km,异常区面积约 7.3 km^2。异常具有多个异常峰值,异常最高值出现在该区北部,最高值达 +400 nT。西侧、东侧部分及北侧均伴有负异常,异常最低值为 -200 nT。该异常内出露的岩性主要有金水口岩群的斜长角闪片岩,岩浆岩主要有寒武纪的石英闪长岩、似斑状二长花岗岩。异常区域大部分位于金水口岩群之上,推测该高值异常区为金水口岩群下中酸性隐伏岩体引起的。

(2) Y49 高磁性体异常。Y49 高磁性体位于调查区东部,为不规则形异常,磁异常长约 20.7 km,宽约 10.9 km,面积 167 km^2,异常幅度范围为 -1680～+980 nT,与研究区 C41 磁异常重合较好。在等值线异常图中可以看到,区内正负异常伴生,中部有多个异常峰值,负磁异常零散的分布;且随着延拓高度增加,其周边的正磁异常逐渐汇聚(于炳飞,2021)。火山岩与围岩之间存在明显的磁性差异,可以利用此差异快速圈定隐伏火山岩体的平面投影范围,并确定是否存在隐伏结构(王坤,2018)。从物性上来看,研究区出露金水口岩群岩性为片岩、大理岩片岩、片麻岩;大面积出露鄂拉山组,岩性为酸性火山岩组;少量第四系以及晚海西期花岗闪长岩和燕山期正长花岗岩英。火山岩和火山碎屑岩具有较强的磁性,可能是引起高磁异常的原因,且区内磁场分布的差异也指示了火山岩的分布不均一性和酸性火山岩不同的磁性强度,与火山机构对应的高磁异常特征相对应。负磁异常呈环状分布在正磁异常四周,具有典型的火山机构构造特征,由此进一步推测环形负磁异常可能是隐伏火山机构,区内高磁异常可能是火山口喷出的磁性物质堆积(马一行,2020)。

(3)Y61高磁异常体异常。Y61高磁异常体位于研究区南东部,东西方向长约6 km,南北方向约为5 km。磁异常呈椭圆状,正负异常伴生,北部为负磁异常,南部为正磁异常,等值线较为密集且异常梯度较大。等值线化极延拓后,北部正磁异常更加突出,正磁异常北、东、南3个方向均被负磁异常包围,异常规整、圆滑,正磁异常值范围为+400～+1279 nT。异常区内主要出露地层为中元古界长城系小庙岩组,中部有上古生界下二叠统—上石炭统浩特洛洼组出露以及少量的第四系,北部有早三叠世印支期的浅肉红色中粒二长花岗岩,中部已发现达日吾勒哈磁铁矿床,为典型的矿致异常(图4-35)。

二、激电中梯剖面测量及音频大地电磁测深

随着矿体深度的不断加深,地质信息不确定性的不断加大,深部矿产勘查难度越来越大,深边部找矿工作瓶颈凸显,传统方法已经不能满足当前的找矿需要,急需寻找合适有效的方法应用于实际勘查实践中。综合地球物理方法在深部找矿中效果明显,本书选取德龙金矿04勘探线深部为研究对象,采用激电中梯及音频大地电磁测深相结合的综合物探方法,提取地球物理找矿信息,评价深边部矿化情况,探讨方法的适用性。

(一)激电中梯找矿信息提取

选取德龙矿区跨越AuⅧ号矿带的04线开展了1∶2000激电中梯剖面。

从激电中梯视幅频率平面等值线图(图4-36)可以看出,Fs值大多在0～1.9%之间变化,异常值一般在2.0%～4.6%之间,最大值为10%;依据已有的地质资料和电参数测定成果,结合实测视极化率的规律特征,确定该区视极化率异常下限为2.0%。通过对剖面的综合分析,该区获取了4处异常区带,分别编号为J1、J2、J3、J4。其中J1在南西向尚未封闭。

从激电中梯视电阻率平面等值线图(图4-36)可以看出,ρs值一般为800～2800 Ω·m,异常值一般在100～800 Ω·m之间,最小值为52.57 Ω·m;从图来看视电阻率异常在南西向尚未封闭。

将视极化率平面等值线图、视电阻率平面等值线图与德龙矿区地质图进行叠合如图4-36所示;根据已知的矿体和矿化破碎带在平面上的位置,可以看出矿化破碎带与激电异常的展布位置基本吻合,且异常的展布方向与矿化破碎带走向都为北西向。从图上来看,矿化破碎带及矿体均发育在激电异常的中高极化率与低视电阻率异常带中。此外,该区的含矿破碎带可能有向南东延伸的趋势,表明在Ⅷ号矿体南东向有较好的找矿前景。

激电异常的位置、形态、规模、强度等与已有地质成果特征基本吻合,对进一步开展勘查工作有一定的指导作用。激电剖面工作成果反映,激电异常大面积广泛分布,但异常幅度偏低。所发现的中高极化中低阻异常带,多与矿化蚀变有关,可作为指导钻孔施工的有效依据之一。

第四章 综合勘查技术应用与研究

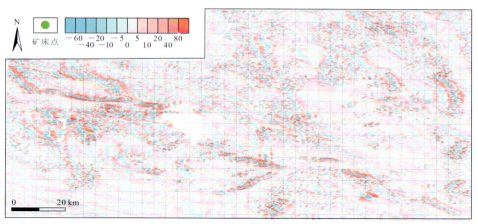

(a) ΔT 化极水平二阶30°方向导数图

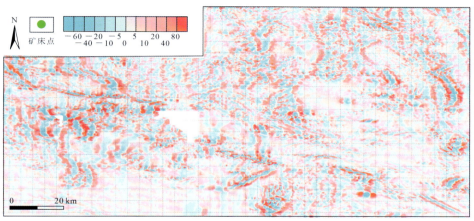

(b) ΔT 化极水平二阶300°方向导数图

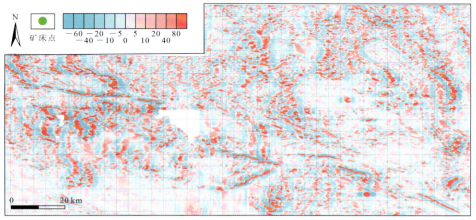

(c) ΔT 化极垂向二阶方向导数图

图 4-35 东昆仑东段 ΔT 化极二阶方向导数彩色示意图

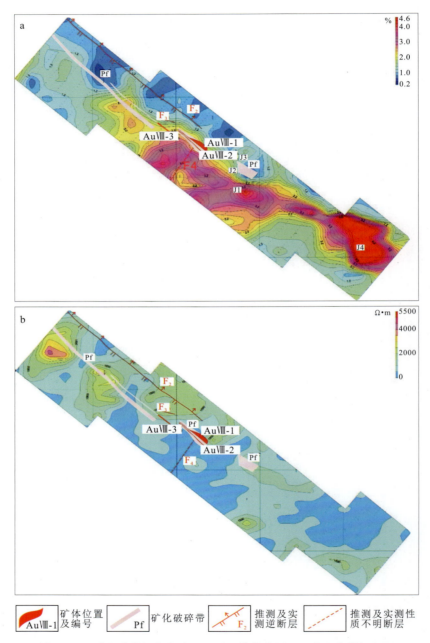

图 4-36 激电中梯视幅频率(Fs)平面等值线图(a),激电中梯视电阻率(ρs)平面等值线图(b)(引自张萱颖,2018)

通过对德龙地区 4 线激电中梯剖面分析(图 4-37),可以看出剖面西南部为低阻,是绿泥石英片岩的反映,北东部为中高阻,为岩体的反映,异常位于 114～118 点间,宽约 40 m,异常为低阻高极化异常,与构造破碎带位置相对应,异常体北东向倾斜。

第四章 综合勘查技术应用与研究

结合地质特征认为,该区内激电异常带是由近北西走向构造带引起的,该构造带由于后期热液活动充填了一定量的硫化物。据该区域化探资料,该区 Au 元素化探异常明显,故认为此激电异常带可能是寻找金矿产的有利地段。

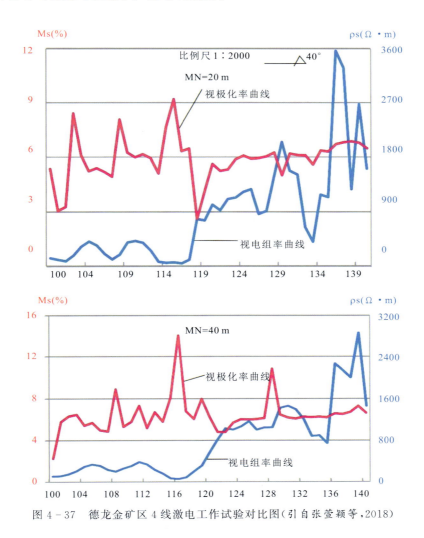

图 4-37 德龙金矿区 4 线激电工作试验对比图(引自张萱颖等,2018)

(二)音频大地电磁测深找矿信息提取

针对 AuⅧ矿体,在 4 线投入了音频大地电磁法测量,由其视电阻率 2D 反演的等值线拟断面图(图 4-38)来看:浅部一般表现为低阻,在 100~500 Ω·m 之间,随着深度的增加,视电阻率一般逐渐增大。在标高 3600 m 以上的同一深度,北东端的视电阻率总体上比西南端高。在测线的中部,均发现一条较为醒目的低阻带,在断面上倾向较陡,略往北东向,该低阻带延伸较深,约 600~800 m。

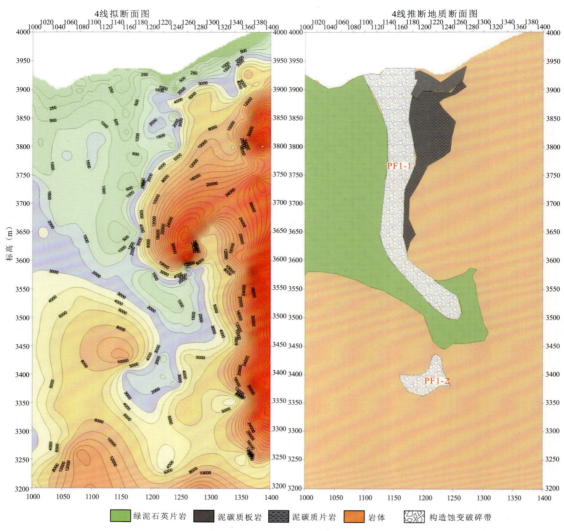

图 4-38　音频大地电磁法 4 线视电阻率拟断面推断解释成果图

(引自张萱颖,2018)

结合本区的电性参数和地质资料,对 4 线的解释如下:该线中部的低阻异常呈条带状,倾向略往北东,在深度上延伸约 600 m,为该线的主要低阻异常地段,视电阻率在 600 Ω·m 以内,在深度较深地段在 2000 Ω·m 左右,推测由构造蚀变破碎带引起,该低阻带的浅部地段已为钻探工程所验证。西南端(100~110 号点)地段,其浅部主要为绿泥石英片岩的反映,其视电阻率在 100~2000 Ω·m 范围内;在标高 3570 m 以下,视电阻率在 3000 Ω·m 以上,推测为深部岩体的反映。北东端(120~140 号点)地段,其电性表现为高阻特征,推测由岩体引起,岩体较为完整。

（三）综合成果分析

根据在 04 线投入的激电中梯以及音频大地电磁测深结果，均显示在测线中部存在一条较为醒目的低阻带，在断面上倾向较陡，略往北东向，该低阻带延伸较深，约 600～800 m。反映在激电中梯剖面点 114～118 之间存在一宽约 40 m 的低阻高极化异常，异常向北东倾斜；反映在音频大地电磁测深为 04 线中部呈条带状，倾向略往北东，较陡的低阻异常，在深度上延伸约 600 m，视电阻率在 600 Ω·m 以内，上部近直立，下部往北东向倾斜；较深地段在 2000 Ω·m 左右，浅部低阻带已为钻探工程所验证。推测该低阻带为构造蚀变破碎带引起，带内有矿（化）体显示，与钻孔揭露情况相吻合。

三、小　结

研究区金属矿产勘查工作中使用的地球物理勘查工作分区域和矿区两个尺度开展。区域扫面以地面高精度磁法为主，矿区尺度以大比例尺磁法剖面、激电测深与音频大地测深为主，均取得了良好的找矿效果。地面高精度磁法在重要断裂构造识别、磁性体圈定、金属矿产找矿中起到了重要作用。它的关键点在于从已知繁杂的测量数据中分析磁异常特征，提取有效找矿信息。因此，对区内开展全面的磁法系列编图（ΔT、ΔT 化极、上延等值线平面图、ΔT 化极水平方向导数及垂向导数平面图等）可以从不同角度完整、清晰地展现磁异常全貌，从而深入认识各类磁异常特征与成岩、成矿、构造之间的内在联系。图件效果也有利于进一步高效合理的将地质与物探综合起来，快速识别找矿信息。

大比例尺激电中梯剖面异常测量的优点是激电异常对脉状、似层状矿体具有间接指示作用，激电测深异常可以确定多金属矿体蚀变带的位置间接指示深部矿体的展布情况，可指示破碎蚀变带的延伸方向，可用于寻找脉状矿体或受破碎带控制矿体。不足之处在于激电测深对于低阻破碎带在地表及浅部有较好的指示作用，但随着深度增加，指示效果减弱。音频大地电磁法测量的优势是探测深度大，不受高阻盖层的影响，可以较好地指示含矿构造破碎带的深部展布情况，有效反映隐伏构造、深部构造位置及形态从而间接指导深部找矿工作。该方法可用于寻找隐伏矿体及受构造破碎带控制的矿体。劣势在于音频大地电磁测深电性参数单一，但可以增加大功率激电测深工作，结合极化率参数及地质资料综合研究提高勘查效果。

第四节　遥感地质特征与找矿信息提取

多家单位依托 1∶5 万区调、矿调对该研究区开展了部分遥感解译，但由于工作区分布零散，遥感数据分辨率精度不高，解译标准不一致，致使该地区遥感解译总体效果不理想，尤其在利用遥感应用找矿方面还十分薄弱。此外，目前尚无高精度遥感线性构造识别方面的研究,制约了构造控矿规律研究和勘查选区。因此,笔者团队在前期遥感工作基础上,选择沟里地区重点开展了高分辨率遥感解译在找矿勘查中的应用效果研究。

一、区域遥感地质特征

东昆仑东段以昆中断裂为界,南北两侧影像特征差异明显,昆中断裂以北高程相对较低,切割更强烈,影像呈多层环状和寄生式斑块状组合特征;昆中断裂以南主要为起伏较小的高大山体,表现为北西向展布的巨型团块状影像特征。区域构造以北西向线性构造为主,构成该区的基底构造格架,其他方向组如北东向、近东西向线性或弧形构造等在研究区均出现较多。在遥感影像上规模较大的线性构造两侧主要表现为不同地貌单元转换区、大范围岩石变形、色调异常、宽阔的线状洼地,小规模线性构造可见岩层错断、断层陡坎、断层沟槽及具有一定方向的纹理差异等。这些构造影像特征大多在形态上表现为线状或弧状。

(一)线性构造解译

研究区线性构造主体上由昆中、昆南断裂带及其两侧次级断裂构成,近东西向、北西向、北东向和近南北向线性构造均有出露,控制了区内地层岩浆岩的展布,总体上形成复杂的格状及交织状构造格局(图4-39)。下面对研究区遥感解译主要构造展布形式进行分析。

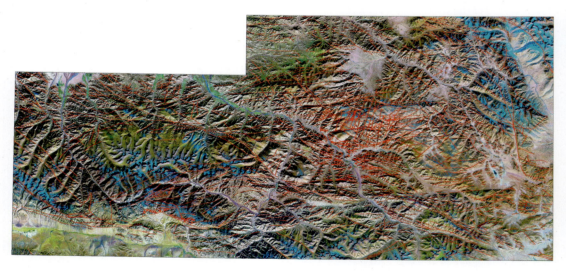

图4-39 东昆仑东段线性构造遥感解译平面图

1. 昆中断裂

研究区内昆中断裂带主断裂错断地貌线性影像非常清晰,主体上途经巴隆哈图沟—香日德可可哈达—托索河—沟里乡—达日吾勒哈—拉玛托洛湖附近(图4-40),具体展布形态总体分3个部分:①在巴隆哈图沟—香日德可可哈达一带呈近东西向展布,可见研究区东部古生代—中生代花岗岩体被分割成两段,同时断裂两侧残留元古宙金水口(岩)群变质岩,遥感影像上线性沟谷、断层三角面特征非常显著,断裂带两侧地貌单元有较明显变化,呈"V"形陡峭的支谷,延伸稳定且规模较大。②在可可哈达—托索河附近出现分散和分支复合现象,在主断裂北部出露多条东西向或近东西向次级小规模断裂,线性沟谷及水系特征明显,通过高分辨率遥感影像解译,单条规模较大的断裂实际上是由数条平行延伸的断裂组成的,排布密集,存在多期活动特征,在断裂两侧及内部识别出一系列地貌错动现象,包括地质体错动、牵引构造及同步错动的冲沟及山脊等构造地貌。主断裂在香日德可可哈达东端—托索河一带逐渐变为南、北两条断裂带,直到园以附近发生弯曲并逐渐靠拢连接在一起。北部断裂带起始与近东西向次级断裂交会,至阿斯哈附近走向逐渐转为北西向,与南部断裂带近平行展布;南部断裂带正好相反,起始段呈北西向展布,至龙哇卡鲁附近变为近东西向。在 Sentinel 2 影像上两条断裂带均发育十分明显的线性沟谷,挤压特征明显,呈舒缓波状,中部可见串珠状中生代花岗岩体,整体形态呈北西向展布的透镜体,指示昆中断裂中段具有右行走滑特征。③主断裂交会以后在沟里乡、园以—拉玛托洛湖一带呈北西-北西西向展布,沿昆中断裂发育连续的山间垭口、断层陡坎、线性断层崖或者是三角面等构造现象,延伸稳定。对比昆中断裂整体构造地貌,可以发现昆中断裂西段主要表现为陡峭的"V"形支谷,断裂较平直且规模较大;中段主要发育鞍状山脊、线性沟谷及错断地貌,断裂破碎不连续;东段则主要呈一系列连续的垭口、陡坎等微地貌特征,断裂相对连续并呈近似平行展布。

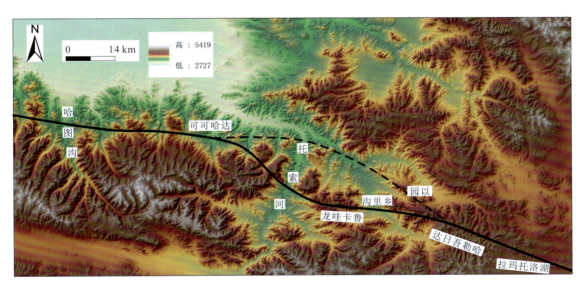

图 4-40　东昆仑东段昆中断裂遥感解译平面示意图

2. 昆中断裂北侧构造

北西向线性构造与东昆仑主构造线的展布方向一致,是区内主要的控岩、控矿构造。解译构造在影像上特征明显,断裂通过处沟谷、水系成带线状发育,在空间上可分为巴隆-香日德、沟里、那更-加羊 3 个北西向构造密集分布区(图 4-41),其中巴隆—香日德地区地表侵蚀较强，中山地貌，无植被和积雪覆盖，地形细碎，解译标志主要为线性展布的沟谷和特征水系，北西向线性构造分布较均匀；沟里地区地势较高，局部山顶有少量冰雪覆盖，北西向线性构造主要分布在色日以南等中低山内，而北部大高山等高山冰雪覆盖区则线性特征不明显，遥感影像上断裂主要沿线性延伸的山脊两侧及线性沟谷发育；那更—加羊大部分地区常年被积雪覆盖，中高山地貌，区内山体、沟谷、水系十分清晰按照北西向展布，线性异常特征明显。

近东西向线性构造主要分布在扎隆、香日德、沟里一带，由多条近似平行的断裂组成。研究区内近东西向线性构造规模一般较大且地形切割程度较深，东西向延伸一般大于10km，断裂切穿岩体及水系的线性分布特征十分显著，在断裂两侧普遍发育陡峭的支谷地貌，多期活动特征明显。北东向线性构造全区均有分布，形成时间最晚，切割早期北西、近东西向线性构造，遥感影像上多表现为平直且宽阔的沟谷切割、错断两侧地质体，一般延伸较短，相对于陡峭的支谷地貌更宽缓，近似呈"U"形。

3. 昆中断裂南侧构造

昆中断裂南侧线性构造主要为北东向和北西向构造。

北西向线性构造分布较少，北侧以哈图沟为界，南部以昆南断裂为限，主要出露在研究区西部乌拉斯太那一带，遥感解译线性特征不明显，主要为不同山脊线沿断裂发育连续的山间垭口及不同岩性的色调异常。北东向线性构造主要分布在和勒冈希里可特—龙哇卡鲁一带，夹持于东昆仑造山带广泛存在的岩浆岩内，整体沿古生代—中生代的碎屑岩和碳酸盐岩发育。遥感影像上边界清晰，解译标志明显，多呈线状分布的沟谷和水系，色调异常显著（图4-41）。

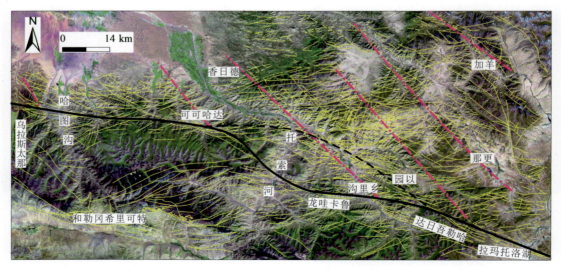

图4-41　东昆仑东段昆中断裂两侧遥感解译平面示意图

4. 昆南断裂

昆南断裂西起布喀达坂峰，途经东大滩、布青山，一直向东延伸到德尔尼地区，是分割昆南地体和阿尼玛卿地体的重要断裂。研究区内昆南断裂出露较少，主要分布在南东部瑙木浑—红水川一带，断裂带中沉积了布青山群碎屑岩、火山岩和碳酸盐岩（图4-42）。遥感影像上可以清晰解译出昆南断裂的线性影像特征，在红水川河流南侧洪积扇内可见两条线性分布的阶地及陡坎。由于该地区受到断层上游地貌的保护作用，因而并未受到后期冲沟侧向侵蚀切割作用的破坏，使得阶地面及其陡坎形态保存比较完整，局部较新的水系可见明显的右行错断现象。

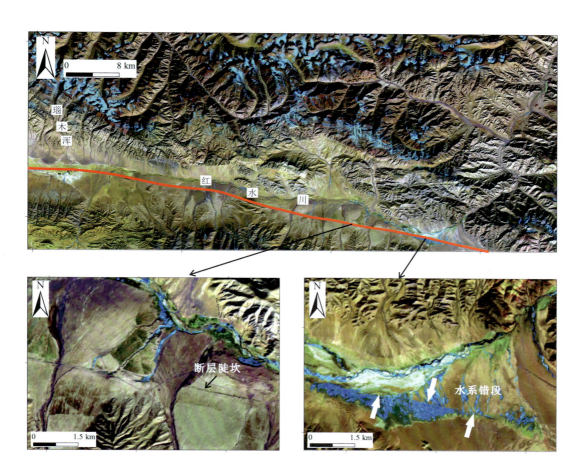

图4-42 东昆仑东段昆南断裂遥感解译平面示意图

（二）环性构造解译

区内环形构造发育，分布密集，大部分环形构造成相切状接触，个别相交，大部分环形特征相似，规模相差极大，除个别环形直径可达60~80km外，一般环形构造直径为4~10km，形态近似一致,主要分布在中部及西部区域,影像特征较明显,多由环状及弧状山脊构成边界,部分可见向心状水系发育(图4-43)。

根据区内环形构造影像特征、形态规模、所处的地层及构造环境特征,区内环形主要包括由底部岩浆活动和构造变形引起的环形构造。其中由岩浆活动引起的环形构造,为区内主要的构造类型,其或为隐伏岩浆活动地表地貌表现,代表了隐伏岩浆活动的形迹。在岩浆的侵入过程中,对围岩造成推移改造或热液蚀变等作用,导致地表形成围绕侵入岩体的环形的山脊地貌,同时多重的岩浆作用还可使地表形成嵌套环形、同心环形等特殊构造。构造变形引起的环形构造分布在北西向或北东向线性构造密集发育地区,多数呈串珠状发育,主要表现为弧状、直线状线性构造,限制了部分环形构造的边界,空间展布方向与该区主要构造线方向一致,呈现较好的套合关系。

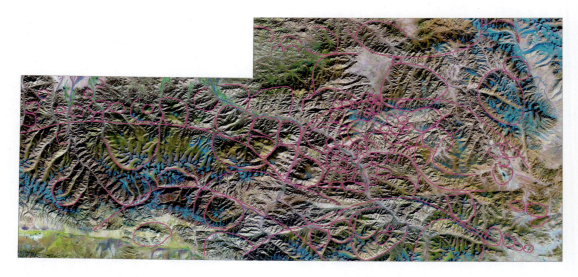

图4-43　东昆仑东段环形构造遥感解译平面图

二、高分辨率遥感构造解译

在前人的研究中,遥感线性构造解译主要分为目视解译和计算机自动识别两方面,并取得了一定效果。目视解译以先验地质构造格架为基础,首先通过遥感图像处理技术增强目标地物信息,然后基于遥感影像上色调、形状、大小、图案、纹理、地形地貌等特征,人工提取线性构造。计算机自动识别主要通过各类边缘检测技术识别线性形迹,并通过特定阈值进行约束。但是计算机自动识别线性构造完全依赖于图像质量及数学算法,无法清晰分辨各类线性形迹,往往将山脊线、山谷线及各类人造地物等全部划分为线性构造,不利于解析复杂的构造环境。而基于专家知识目视解译可以很容易将构造与干扰因素区分,并且可以依靠多种解译标志对遥感影像中表现模糊或隐伏的构造进行识别或推断,提高解译结果的准确性和精度。

第四章 综合勘查技术应用与研究

为精细解译沟里地区线性构造信息,在分析研究区自然地理环境、成矿地质条件基础上,以人机交互解译为主要方法,选取主成分分析、定向滤波等图像处理方法增强线性形迹信息,分析、识别线性构造,主要分为4部分:①对 Landsat 8 OLI、GF-2 不同空间分辨率的遥感数据进行预处理及图像增强(最佳波段组合、主成分分析、线性拉伸、定向滤波);②利用 DEM 高程数据进行山体阴影渲染、坡度分析及三维可视化;③结合已有地质资料,将不同遥感数据处理结果叠加分析,建立解译标志,识别线性构造;④综合分析已知金矿体与遥感解译线性构造关系。

(一)线性形迹增强

1. 最佳波段选择

多光谱遥感影像具有丰富的地物光谱信息,利用不同波段进行 RGB 组合,可以扩大不同岩石之间的光谱差异,有助于线性构造解译。为了确定研究区融合数据最佳波段组合,使用了最佳指数因子(OIF,optimum index factor)和去相关拉伸法。在相关性分析基础上,可知 Band 7、Band 5、Band 4 波段组合 OIF 值最大,选择该波段组合分别赋予 RGB 颜色通道具有更丰富的地物光谱信息,更有利于用于线性构造解译。如图 4-44 所示,利用最佳指数因子方法与去相关拉伸方法结合获得的假彩色合成图色彩丰富,层次感强,有利于识别线性构造。

图 4-44 融合数据 B7B5B4 假彩色合成图

2. 主成分分析

对去除 Coastal、Cirrus 波段的融合数据进行主成分分析,得到的各主成分特征向量矩阵统计见表 4-10。融合数据主成分变换后共有 6 个特征向量,PC1 集中了各个波段的地形、亮度信息,每个波段在 PC1 中都有一定的贡献度,占数据总方差的 82.70%;PC2 在可见光波段和近红外—短波红外波段特征向量载荷因子符号相反,且近红外波段特征向量为 0.65,突出了植被信息;PC3、PC4、PC5 各波段特征向量具有不同权重的正、负载荷因子,反映了不同地质体之间的差异。PC6 也包含部分岩石信息,但其信息量最小,且噪声过重,呈明显条带状。基于上述分析,本文最终选择 PC4、PC5、PC3 分别赋予红色、绿色、蓝色通道,获得遥感解译图像。经过主成分变换,各个分量之间没有相关性,不同岩性在遥感图像上色调分界处为线性构造发育有利地带(图 4-45)。

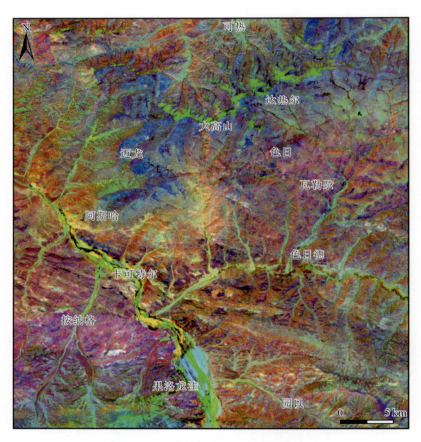

图 4-45 融合数据 PC453 假彩色合成图

表4-10 融合数据主成分特征向量矩阵

特征向量	B2	B3	B4	B5	B6	B7	百分比(%)
PC1	-0.220 294	-0.314 994	-0.381 546	-0.466 080	-0.529 065	-0.457 747	82.70
PC2	-0.315 577	-0.358 446	-0.498 597	0.650 092	0.272 462	-0.162 707	12.58
PC3	0.278 662	0.299 848	0.223 719	0.532 057	-0.462 089	-0.534 582	3.72
PC4	-0.767 893	-0.110 960	0.593 397	0.108 054	-0.178 726	0.047 847	0.78
PC5	0.058 847	-0.073 131	-0.229 271	0.250 207	-0.632 746	0.689 675	0.21
PC6	-0.425 566	0.815 307	-0.388 700	-0.052 788	0.004 247	0.016 595	0.01

3. 定向滤波

选择融合数据主成分分析PC1对研究区进行定向滤波处理,卷积滤波器方向设置为E-W、NE-SW和NW-SE,内核矩阵设置为3×3。卷积滤波器角度调整为E-W:90°,NE-SW:45°和NW-SE:135°,正北方向为0°,其他角度按顺时针方向计算。在此基础上,对定向增强后的结果进行中值滤波,在保留线状信息的同时消除图像噪声。图4-46为定向滤波后的结果以RGB(45°,90°,135°)合成显示图像,增强后的线性形迹呈明暗相间清晰线条。

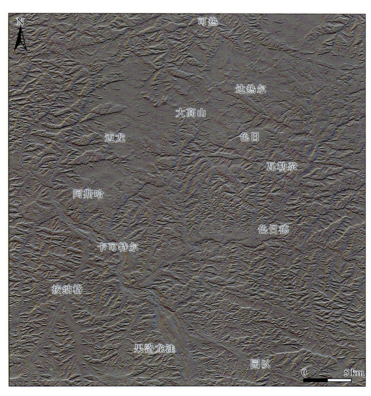

图4-46 定向滤波结果RGB(45°,90°,135°))合成图

4. 坡度分析

地面坡度是反映地形地貌变化程度的重要参数之一,它能够直观地显示出地面高低起伏特征,是记录构造运动及其强弱的直接证据。一般来说,断裂构造活动较强地区,断裂两侧坡度变化也较大,地形地貌具有明显的剥蚀抬升特征。断裂构造活动较弱地区,坡度则没有明显变化。因此,通过DEM高程数据进行坡度分析,可以辅助识别断裂构造。图4-47a为基于ALOS 12.5m DEM数据在ArcGIS 10.7软件平台上生成的坡度分析图,坡度值变化范围为0~60°,其中蓝色为坡度较平缓区域,主要分布于第四系及沟谷平坦地带,红色为坡度较陡峭区域,主要位于山顶、山脊及断裂控制的陡峭地区。地形坡度变化越大,发育线性构造的可能性和规模也越大。

5. 山体阴影渲染

山体阴影渲染是模拟太阳光照射地面所引起的地形起伏轮廓和明暗对比,通过调整太阳入射角可以模拟预设场景的太阳光照,从而消除山体阴影的影响。该方法可以突出地形的细节,能直观反映研究区地形高度的变化。研究区位于青海高寒山区,地形切割强烈,在线性构造处常发育"V"形沟谷、陡崖等负地形。利用DEM高程数据进行山体阴影渲染,可以显著增强地形起伏视觉效果,进而有效识别断层陡坎、沟谷及山麓转折带等地表变形标志,确定线性构造位置。以ALOS 12.5m DEM为数据源,选取太阳入射角290°,太阳高度角45°对研究区进行山体阴影渲染,如图4-47b所示,不同地貌转换区及山体阴影明暗变化区是线性构造发育的有利位置。

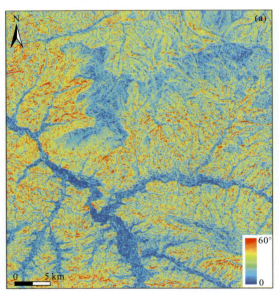

图4-47 DEM衍生产品坡度分析图(a)和山体阴影渲染图(b)

(二)线性构造遥感解译特征分析

沟里地区线性构造解译标志与识别特征可分为3类,主要特征如下:

第一类为古元古代—早古生代变质岩内的线性构造。遥感影像上结构和光谱特征比较显著,一般无明显位移,控制着区内不同地貌单元分布或宽度达几百米或几千米的岩石变形(图4-48a)。变质岩内部可见连续延伸的陡峭线状、弧状沟谷以及断续分布的断层崖、山间垭口等宏观地貌特征(图4-48c、d)。因线性构造多期次活动和不同岩石光谱反射特征差异,在断裂带内部或不同地貌单元分界处色调具有明显的区别(图4-48b)。大规模的岩石变形也导致地形地貌起伏具有沿同一方向展布的变化规律,在坡度分析图中可见带状或线状、弧状分布的坡度异常区。如果洛龙洼金矿床近东西向控矿构造,坡度分析图显示近东西向展布的坡度异常带,遥感影像上为不同地貌、岩性单元,坡度变化和色调差异明显(图4-49)。

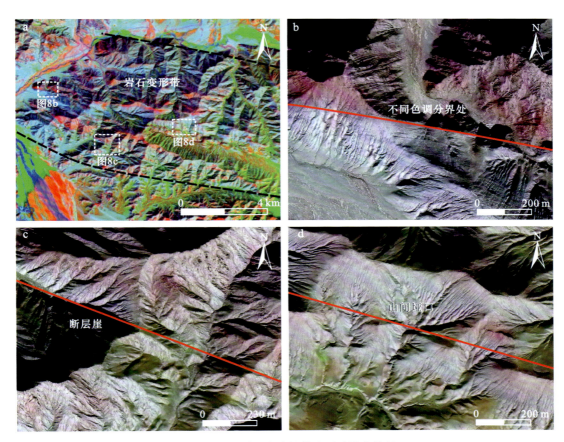

图4-48 变质岩内线性构造遥感影像特征

第二类为古生代—早中生代侵入岩内顺岩石薄弱部位发生破裂的线性构造。在遥感影像上主要显示为断层陡坎、断层沟槽和断层三角面(图4-50a~c),定向滤波结果表现为断

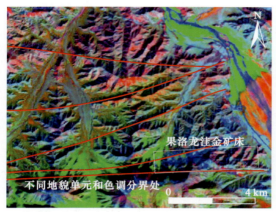 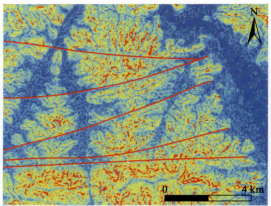

图 4-49　果洛龙洼金矿床控矿构造遥感解译标志

续分布的笔直线性形迹。地质体错动和同步错动的冲沟、水系及山脊等构造地貌也是主要的遥感解译标志之一（图4-50a、b、d）。这些构造识别特征在遥感影像上均呈现形态上的线状、弧状特征，规模和延伸一般较小，宽度大多在1~5m之间，形成相互交织的空间结构特征。该类线性构造在研究区分布最为广泛，是成/控矿断裂构造在地表重要的表现形式。色日、瓦勒尕、阿斯哈等地区可见大量北西、北东、北东东向线性构造，切割错断地质体，将岩石分割成菱形格子状空间，在北部侵入岩体内北东东向线性构造通过处具有明显的断层沟槽（图4-51），由于局部残留积雪和少量植被，呈亮白色或绿色条带，是区内重要的控矿构造。

第三类为沿第四系及沟谷水系发育的线性构造。在遥感影像具有明显的位移，主体为新构造运动或先存构造再次活化的产物，形态上表现为直线状、弧线状、折线状延伸的冲沟裂谷和水系。该类线性构造发育程度较好，在全区均有分布，它们控制着研究区河流的走向以及空间展布格局。研究区代表性构造为香日德-德龙断裂，为沟里地区二级边界断裂，主体被第四系覆盖，两侧为河谷地貌（图4-52a），位于断裂边部的地质体内可见平行主断裂的不连续线性构造，反映了大型断裂边部伴生的次级断裂（图4-52b）。

（三）线性构造空间结构特征

沟里地区遥感解译出线性构造按其展布方向可分为北北东向、近东西向、北西向和北东向四组，共同控制着研究区变形变质作用、岩浆活动和矿床的分布（图4-53）。以卡可特尔—色日德一线为界，沟里地区可分为南部、北部两个区域，各自具有不同的构造分布特征。

沟里北部区域线性构造以北北东向最为发育，近东西向次之，北西、北东向分布较少（图4-54a），主要出露大面积古生代—早中生代侵入岩。其中，北北东向线性构造是区内金最重要的控矿构造，等距性明显，由多组近似平行的线性构造组成，在遥感影像上显示出明显的断层沟槽及断层陡坎。在大高山附近切穿二叠纪侵入岩，延伸至可热一带，在色日、阿斯哈附近向南忽然尖灭或者被第四系覆盖，表现为由中间大高山向两侧色日、阿斯哈附近规模和强度逐渐减弱。该组线性构造形成时间较早，展布方向10°~29°，后期被其他方向尤其

图4-50 侵入岩内线性构造遥感影像特征

是近东西向线性构造明显改造。北西向线性构造主要位于西侧迈龙—大高山西部一带,展布方向100°～120°,地表线性形迹较少,表现为直线状、弧线状沟谷和同步错断的山脊线等构造地貌特征。在大高山西部地区可见3～8m的蚀变带,局部发育少量金多金属脉状矿体。北东向线性构造主要在色日、瓦勒尕东部附近,地表可见稳定的线性支谷和断层沟槽断续相间发育,展布方向60°～80°,延伸较长,在瓦勒尕东部金水口岩群和侵入岩接触部位发育含金石英脉矿体。近东西向线性构造规模最大,切穿整个研究区北部大面积出露的侵入岩体,为达热尔、瓦勒尕等金矿床破矿构造,色调、切割较深。遥感影像上多表现为平直且宽阔的沟谷切割、错断两侧地质体,相对于陡峭的支谷地貌更宽缓,近似呈"U"形。

沟里南部区域主要出露古元古代—早古生代变质岩,受昆中断裂带控制作用,发育近东西向和北西向、北东向线性构造(图4-54b)。近东西向线性构造分布在按纳格—果洛龙洼附近,由多条近似平行延伸的断裂所组成,走向在80°～100°之间,为果洛龙洼、按纳格金矿床控矿构造,控制了矿区内矿体空间分布特征,与北部区域近东西向线性构造的规模和作用具有明显差异。遥感影像上呈线状分布的陡峭沟谷和地形切割破碎的山体垭口。北西向线性构造主要在卡可特尔—园以附近发育,走向在102°～120°之间,整体表现为大面积北西向延伸的岩石变形,控制着该地区地形地貌景观和水系空间格局。各地区的北西向构造组合

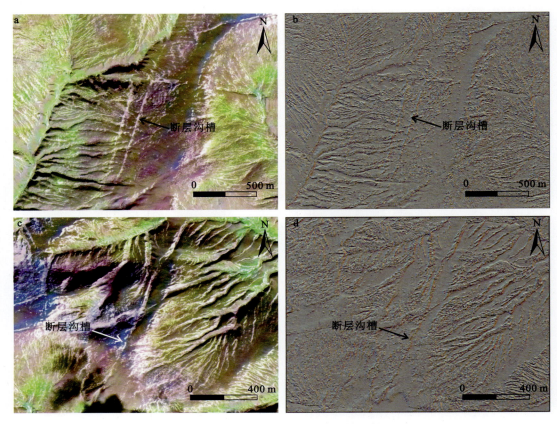

图 4-51 色日金矿床控矿构造遥感解译标志

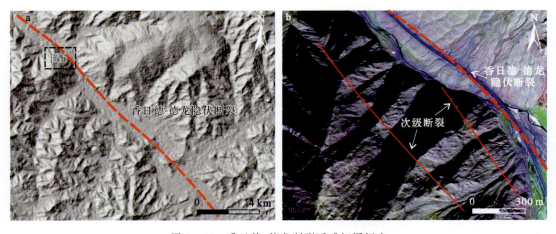

图 4-52 香日德-德龙断裂遥感解译标志

形态有所差别,但总体延伸方向一致,影像特征十分清晰,在岩石内部以紫红色、紫色相间的色调异常和连续分布的线状负地形等形态或组合形式出现。北东向线性构造较少,主要在按纳格、卡可特尔等地线状沟谷和第四系内出露,与区内各个方向线性构造相互交切。

综合分析南、北区域线性构造空间分布特征及它们在遥感图像上的相互交切关系,发现研究区不同期次线性构造活动特征显著,其中,北西向线性构造形成时间最早,地质图显示断裂两侧主要为前寒武纪不同时代变质地层,遥感图像上表现为明显的色调异常,一些规模较大的线性构造还控制了园以北部地区第四系的边界(图 4-53),反映了深部基底构造在地表的变形特征。北东东向线性构造发育时间晚于北西向线性构造(图 4-55a),控制了大高山、达热尔、色日等地加里东期—印支期中酸性侵入岩内北北东向展布的山脊和冲沟,暗示它们应晚于岩体的成岩时代。达热尔、色日等地金矿体主要位于北东东向断裂内,金成矿时代集中于中—晚三叠世,也表明北北东向线性构造形成时代不晚于中三叠世。近东西向线性构造具有多期活动特征,在果洛龙洼、按纳格一带作为寒武纪—奥陶纪纳赤台群与古元古界金水口岩群、上古生界浩特洛洼组地层分界线;在达热尔、瓦勒尕附近切穿加里东期—印支期侵入岩,多数北北东向、北西向线性构造被近东西向线性构造错断(图 4-55b、c)。北东向线性构造形成时间最晚,错断北西向、北北东向线性构造(图 4-55d)。

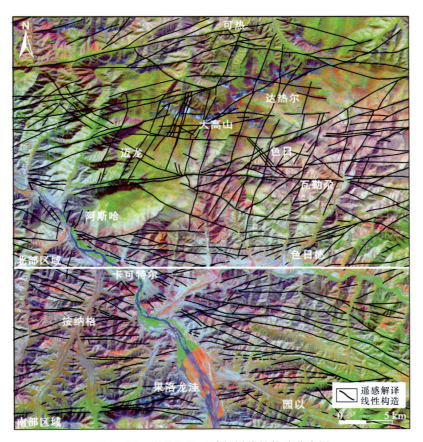

图 4-53 沟里地区遥感解译线性构造分布图

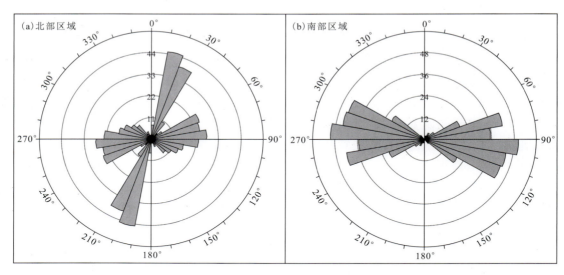

图 4-54　沟里地区线性构造走向玫瑰花图

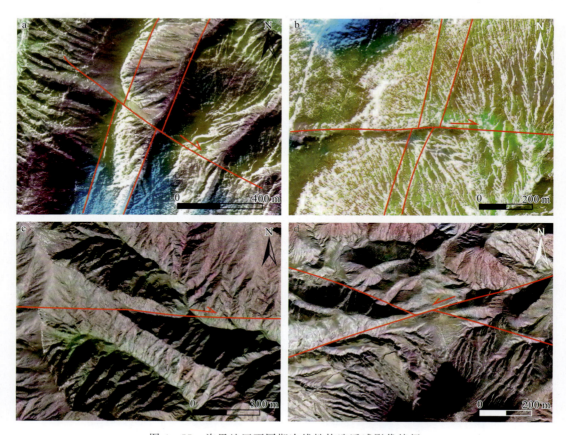

图 4-55　沟里地区不同期次线性构造遥感影像特征

第四章 综合勘查技术应用与研究

(四)线性构造统计分析

为客观准确分析线性构造空间分布规律和内在关系,对提取出来的线性构造进行了密度和强度统计分析。线性构造密度被定义为单位面积内线性构造的数量,线性构造强度是指单位面积内线性构造的累计长度。密度和强度分布特征可以提供深部构造信息及成矿有利地段等线索。通常线性构造高密度区可指示成矿潜力较大地区,密度梯度变化带的延伸方位常与区域主干断裂带分布有关。将研究区划分为边长 $r=1km$ 的正方形网格 728 个,分别统计每个网格内线性构造的数量和累计长度,得到密度和强度等值线图(图 4-56、图 4-57)。图中红色区域为线性构造密度和强度较高地区,蓝色区域为线性构造密度和强度较低区域。沟里地区线性构造密度和强度等值线图空间形态基本一致,线性构造密度和强度同时较高地区在研究区南部主要呈近东西向和北西向展布,在研究区北部主要呈北西、北东、北北东向展布。综合分析区域构造演化规律,认为这种不同的线性构造空间分布特征可能与不同岩石能干性差异和昆中断裂控制作用有关。研究区北部远离昆中断裂带,并且大面积出露中酸性侵入岩,由于其岩石能干性强,主要形成相互匹配的北北东、北西、北东三组线性构造,后期被近东西向线性构造错断。研究区南部老地层(金水口岩群、小庙岩组)区域内岩石能干性弱,紧邻昆中断裂,线性构造主要为昆中断裂伴生的早期近东西向、北西向

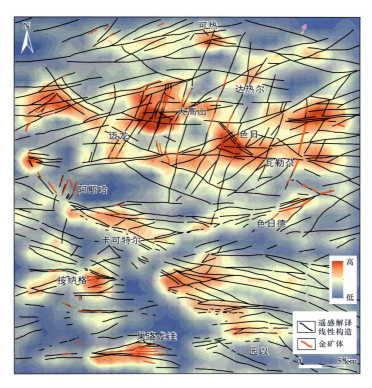

图 4-56 沟里地区线性构造密度等值线图

韧性剪切带再次活化,以及次级北东向线性构造。这种不同的构造演化过程,直接导致了沟里地区南部、北部地区控矿构造的差异。在研究区南部果洛龙洼、按纳格一带金矿体主要位于近东西向延伸的高密度区域,在研究区北部色日、瓦勒尕附近金矿体主要位于北西、北东、北北东向互相交会的高密度区域或密度梯度变化地区。这些密集分布的线性构造可能与地壳深部构造相连通,作为重要的导矿、容矿构造,控制着区内脉型金矿床的产出。

综合沟里地区遥感解译线性构造与已知金矿体(矿化体、蚀变带)、水系沉积物异常、磁法推断线性构造与高磁性体对比分析可以发现:金矿床发育与线性构造分布位置具有密切关系。已知金矿体全部位于线性构造内及其附近,在线性构造密度和强度等值线图上也可见金矿体主要分布在高密度区域或密度梯度变化地区。这与断裂构造是控制沟里地区金矿床发育的关键因素认识一致,在矿床尺度上,瓦勒尕、色日、达热尔等赋矿围岩为加里东期—印支期侵入岩的金矿床,含矿断裂以北北东向为主;果洛龙洼、按纳格等位于老地层内的金矿床,金矿体位于近东西向断裂内。另外,在融合数据R7G5B4和PC453彩色合成图上,果洛龙洼、按纳格、色日德金矿明显位于不同色调分界处,这是由矿体两侧不同岩石成分诊断性光谱差异引起的。显示出研究区线性构造密集分布和交会处以及遥感影像上不同色调连接区是寻找金矿化的有利地区。

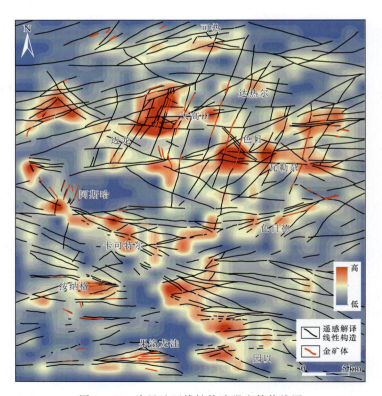

图 4-57 沟里地区线性构造强度等值线图

三、小　结

利用多种分辨率的卫星遥感数据,在东昆仑东段开展了区域和矿集区的遥感构造解译,确定了地表不同尺度线性、环形构造的空间位置及规模,在控矿构造格架分析、高效圈定靶区等方面取得了良好的应用效果。利用遥感图像研究构造变形及其动力学特征,一方面在分析不同级别、序次构造分布规律及生成组合关系方面具有明显优势,可弥补传统地质方法点线观测的认识局限。另一方面,从高空拍摄的遥感图像能够全面、真实地记录地表不同规模和时序岩石单元空间结构要素特征,有助于将单一矿床的构造变形与区域构造系统乃至地质建造等联系起来进行综合分析研究,得出与客观实际相吻合的结论。

虽然遥感解译可以为寻找一些特定类型矿产提供重要线索,但在实际应用过程中,为尽可能提高解译精度,还需要在以下几方面慎重考虑:①遥感图像选择,遥感数据是一切图像处理技术的基石,基础数据的好坏,直接影响了解译结果的准确性。遥感图像除了首先考虑分辨率以外,还需根据研究区情况进行判别。如研究区所在高寒山区,首先要避免的干扰因素为雪和云,植被几乎不发育,数据宜选春天和夏天,其次由于地形切割强烈,山体阴影是导致误差的另一主要因素,可以在收集或购买高分辨数据之前先观察相同时间的 OLI、Sentinel 等中分辨率数据,尽可能选择阴影较少的时间段,或者根据不同卫星传感器拍摄角度尽可能选择拍摄角度大的数据;②遥感图像增强,随着遥感技术日益成熟,各类遥感图像增强技术蓬勃发展,如何选择适合研究区的图像增强技术是一个需要认真思考的问题。建议不要盲目的根据前人结论直接使用,而是在研究区选取资料丰富的小范围区域进行方法试验,根据试验结果选择最大程度增强目标特性差异的方法,进而实现对感兴趣信息的提取和识别;③遥感图像解译,在遥感图像上存在着大量线状影像特征,如研究区金水口岩群等老地层内层间差异侵蚀形成的定向排列线状影像、岩浆岩内裂隙形成的线状影像、各类线状沟谷与水系等,但是并不意味着所有的线性特征都是断裂构造。因此,不同技术人员解译的断裂构造通常结果相差较大,甚至解译的结果与地质事实相悖。建议在解译前,首先要了解研究区成矿地质背景,形成基本的找矿思维,同时解译过程中要结合多种解译标志来分析,从而作出综合判断。特别是一些难以到达的高山区和地形切割强烈的陡崖,此种方法对于准确解译断裂构造尤其关键;④多源遥感数据使用,单一来源遥感数据往往只蕴含了一种或几种所需要的目标信息,因此要将多源遥感图像结合起来,依据不同尺度地物的光谱、影纹特征,充分发挥其宏观观察、微观解剖的能力,将不同比例尺的遥感解译成果有机融合,提高遥感地质调查应用效果。

第五章　综合信息集成与成矿预测

第一节　控矿因素与成矿规律

一、控矿因素分析

控矿因素分析是找矿工作中的基本工作内容之一,通过该工作可以有效把握矿床成矿机制和时空上的产出及分布特征,从而指导找矿。以下从地层、构造、岩浆岩等方面对研究区金多金属矿床形成和分布的各种地质因素进行剖析,以归纳预测信息并开展成矿预测工作。

(一)地层因素

地层在内生金属成矿中往往占有重要的地位。研究区内既有元古宙基底,又经历了古生代、中生代多旋回复杂的构造作用,沉积地层内部结构极其复杂,为成矿提供了一定的有利条件。

地层对成矿的控制作用主要表现为三点:①地层控制了矿床的部分物质来源,即起到了矿胚层的作用;②地层的特定岩性及结构构造控制了矿体的赋存空间,为成矿流体运移提供了通道,为成矿物质的沉淀提供了场所;③矿种与特定岩石(组合)密切相关,并且赋存于特定的沉积建造中。

研究区内与金矿床相关的地层为金水口岩群、小庙岩组与纳赤台群,均为变质岩地层。从岩性上看,古元古界金水口岩群作为东昆仑地区的变质基底,在区内呈近东西向展布,主体岩性为片麻岩、大理岩和片岩。中元古界小庙岩组的岩性以云母石英片岩、长石石英片岩为主,夹少量黑云斜长片麻岩,其变质程度主要为绿片岩相,局部可达低角闪岩相。下古生界寒武—奥陶系纳赤台群岩性主要为板岩、千枚岩和灰岩,夹变玄武岩,为一套蛇绿混杂岩,是果洛龙洼大型金矿床的赋矿地层。上述地层内均已发现金矿床(点),矿体以脉状为主,矿体虽然赋存于地层,但矿体均切穿地层,矿体的赋矿地层并无专属性。前文研究表明,地层亦未提供主要的成矿物质与流体,仅在流体运移过程中有一定物质交换。因此,地层主要为金成矿提供了流体通道与物质沉淀场所,该认识与前人研究基本一致(陈加杰,2018;赵旭,

2020；黄啸坤，2021）。

(二)构造因素

构造因素是控制矿床形成和分布的重要因素，就构造在成矿过程中的作用而言，可以分为导矿、散矿和容矿构造；从构造运动与矿化的时间关系而言，可以分为成矿前、成矿时和成矿后构造，它们对成矿物质的集散起着不同的作用；就构造发育的规模而言，可以分为全球性构造、区域性构造及矿田、矿床、矿体构造。不同级别和规模的构造，对成矿起着不同的控制作用，它们分别控制了矿带、矿田、矿床及矿体的产出和展布。

1. 区域性构造的控矿作用

近东西向区域性昆中深大断裂带横贯研究区地区，大多数金银多金属矿床均分布于昆中断裂带附近，从西至东，沿昆中断裂有诺木洪、巴隆、乌妥、按纳格、果洛龙洼、德龙等金矿床，可见昆中断裂是控制整个区内金多金属成矿带的关键断裂。首先，昆中断裂控制着区内次级断裂构造及侵入体的分布与产出，断裂构造和侵入体是整个研究区内成矿和控矿的主导因素。其次，深大断裂伴随的次级断裂裂隙成为深部热源流向地表的通道，为区内聚矿成矿提供了物质与流体基础。

地球物理、地球化学、遥感结果能清晰反映区域性构造的控矿作用。昆中断裂带以北，区内金多金属矿在空间上显示出沿5个串珠状、椭圆状磁异常带及附近分布的特点，可能代表了构造-岩浆岩-热液活动集中区，脉型金矿具有沿北北西向磁异常带分布的特征。主成矿元素异常（Au、Ag、Cu、Pb、Zn）和区内已发现的金、银多金属矿床点也呈北北西向或北西向带状分布，与上述磁法解译的5个磁异常带基本吻合。1∶5万遥感解译显示出昆中断裂以北存在5个北北西向或北西向构造密集分布区，与磁法解译结果较为吻合。

2. 矿田尺度构造的控矿作用

矿田尺度构造一般直接控制了矿床、矿体的产出与分布。研究区以昆中断裂为界限，昆中以北主要受二级北西向构造及三级北东、北西、北北西向断裂控矿；昆中断裂带以南主要受二级近东西向断裂控制。

香日德-德龙断裂是典型的矿田尺度控矿断裂。该断裂带在三岔口、按纳格北东侧及果洛龙洼西南-德龙等地段均发现典型的断层三角面，并在遥感构造解译与地球物理资料中也有清晰的体现，遥感解译显示为一条北西向的线状构造，正磁异常与负磁异常呈北西向串珠状分布。该断裂控制着研究区内阿斯哈-按纳格-果洛龙洼金矿田内主要矿床的空间产出。从目前掌握的资料来看，沿三岔口—德龙一线，区内主要的矿床及主要的Au元素化探异常都呈北西向等间距分布在断裂的西侧，断裂的东侧只有园以金矿点。矿田范围内，矿床的产出明显受早期昆中断裂带匹配的次级北西西向断裂与后期北西向香日德-德龙二级边界断裂的共同控制，所有矿床均产于北西西向次级断裂的上盘/下盘，矿床内主矿体的定位则受北西西向断裂与北西向香日德-德龙二级边界断裂的交会部位控制。

通过与区域构造演化的匹配角度来看，矿田内成矿期构造应力场应以南北向挤压为主，由于不同地段岩石能干性的差异,形成了不同组合形式的含矿断裂组合。在能干性相对较弱的果洛龙洼地区(千糜岩、千枚岩发育),主要发育近东西向褶皱与逆冲断裂;而在阿斯哈地区出露地质体主要为三叠纪岩浆岩,围岩能干性相对较强,因此形成三组互相匹配的含矿构造;而中部的按纳格矿床的含矿断裂组合形式则介于果洛龙洼与阿斯哈之间,既有北西向又有近东西向。

类似的情况同样存在于沟里地区东部地区,近乎与香日德-德龙断裂平行的昆中深大断裂的次级北北西向断裂从南至北依次控制着坑得弄舍金铅锌多金属矿、各玛龙银多金属矿、那更康切尔银矿、哈日扎银多金属矿的产出,同时北北西向次级断裂控制了中生代的陆相火山喷溢及岩浆侵入。

3. 矿床及矿体尺度构造的控矿作用

具体到矿床与矿体尺度,构造的作用集中表现在容矿和对矿床、矿体的成矿后保存条件上。研究区近地表发育一系列断裂、褶皱、韧性剪切带、劈理等构造,主要为矿田尺度构造的次级构造及派生构造。与矿产关系密切的构造形迹主要是断裂构造和韧性剪切带构造。区内断裂构造形成的破碎带裂隙、劈理为含矿热液运移提供了通道,同时也是重要的容矿构造。广泛发育的北西西、北西、北北东向断裂构造及各种裂隙,作为重要的容矿构造,控制着矿床的产出,特别是区内脉型金矿床的产出。

金矿体赋存于变质岩内的矿床,如果洛龙洼金矿床,矿体产出于韧性剪切转变为脆性断裂后的东西向脆性逆冲断裂形成的容矿构造中;金矿体赋存于岩体内的矿床,如瓦勒尕、德龙金矿床,矿体往往赋存于北东、北西或北北西向构造中,这些构造往往属于剪切系统内发育的共轭剪切构造,且为矿田尺度断裂派生的次级断裂,具有相似的应力场特征。

综上所述,构造是研究区重要的控矿因素,不同尺度的断裂构造控制了矿床的分布,为流体的上涌提供了空间。

(三)岩浆岩因素

岩浆岩是地壳运动的主要形式之一,许多内生矿床的形成和分布都不同程度的受岩浆岩因素控制。前人研究表明,岩浆岩对区内的金多金属矿控制作用主要体现在对成矿时间、成矿空间以及矿床成因联系方面(黄啸坤,2021)。

岩浆岩对成矿的时间控制主要体现为成矿期与大规模岩浆活动时间上的吻合。沟里地区存在两期特提斯洋演化,均引发了大规模岩浆活动。目前研究成果表明,沟里地区在原特提斯洋的演化阶段存在一期金成矿作用,该期成矿作用规模不大。主要成矿作用应归因于古特提斯洋的演化。由于古特提斯洋的俯冲-碰撞-后碰撞,区内海西—印支期岩浆岩分布广泛,岩浆活动强烈,为成矿提供了足够的物质来源、流体来源与热源,使来自深部的热液携带成矿物质上涌,并在浅部成矿。由于赋存于中酸性岩体中的矿体一般呈脉状,表明岩浆岩形成应当早于金矿体,因此围岩与成矿无直接的物质交换方面的联系。矿床成因研究表明,金成矿作用与岩浆作用密切相关,表明与成矿有直接关联的岩浆岩可能位于深部或外围。

岩浆岩对成矿的空间控制作用表现在部分矿床的矿体位于中酸性岩浆岩内,或者位于岩浆岩与地层接触带附近。另外,矿体大多形成于伸展的构造背景,因此与伸展作用相关的埃达克质岩、A 型花岗岩等也可能是与成矿密切相关的岩浆岩类型。

(四)变质作用因素

东昆仑地区经历了 3 次区域变质作用,它们分别代表前兴凯期、加里东期、海西期(潘彤,2005)。多次期大规模地史运动和伴随的造山事件,使研究区内地层遭受普遍而强烈的变质作用,构成低变质至深变质不同程度、不同级别的系列变质岩。金水口岩群变质程度最深,形成以片麻岩、斜长角闪岩、云母石英片岩和大理岩为主的岩石组合;小庙岩组变质作用以中—低压、中温为特点,形成区内广泛分布的富含云母的片岩和大理岩;万宝沟群、纳赤台群变质作用主要表现为区域低温动力变质作用,形成绿泥石英片岩、绿泥千枚岩、含碳质千枚岩等中—低级变质岩。大规模的区域变质作用促进了研究区物质流体的迁移,同时变质作用对区内岩石进行了改造,岩石的结构构造发生变化,岩石的孔洞裂隙增加,这进一步为流体物质的运移创造了条件。

研究区曾遭受了多次大规模构造运动,沿断裂破碎带形成广泛的构造角砾岩、碎裂岩、糜棱岩、断层泥等构造岩。由于强大的构造挤压扭动、磨擦生热,形成热动力变质环境,在构造强烈部位的部分地段,构造片岩、糜棱岩等动力变质岩发育,同时岩石在动力变质作用下的破碎可能为成矿提供了赋存空间。

二、成矿规律总结

成矿规律是对矿床形成和分布的时间、空间、物质来源及共生关系诸方面的高度概括和总结。研究区内复杂的地质构造演化历史对该区矿产的时空分布具有决定性作用,根据地区地质构造演化历史及现有的矿产资料,可总结如下。

(一)矿床时间分布规律

东昆仑造山带东段亦经历了完整的原特提斯洋和古特提斯洋的演化过程,尤以古特提斯洋的构造-岩浆活动最为强烈,在研究区产生了大量的岩浆岩及相关的多金属矿产。

区内金矿床可以分为两类,一类是赋存于中—晚三叠世岩体中的脉型矿床,如阿斯哈金矿、瓦勒尕金矿、巴隆金矿、迈龙金矿等;另一类是赋存早古生代变质地层中的脉型金矿,典型的有果洛龙洼金矿、按纳格金矿。两类金矿床虽然在矿化类型、矿物组合及成矿期次等方面存在一些差异,但在时空分布上具有极其相似的特点。统计前人近年来对区内脉型金矿床、脉型银多金属矿床成岩成矿年代学研究结果显示(图 3-28),两类矿床具有相似的成矿年龄,主要集中在晚三叠世。矿体赋存于岩体中的矿床成矿年龄范围为 235~226 Ma,平均年龄为 228 Ma,赋矿围岩的年龄范围为 241~223 Ma,平均年龄为 232 Ma,成矿年龄与赋矿围岩的年龄相近,且矿体均赋存于岩体内部,推测为同期的构造岩浆活动形成,反映了成岩与成矿在时间上的密切联系。因此,东昆仑东段的脉型金矿床的成矿时代集中于中—晚三叠世,与印支期的岩浆活动有关,该时间段内由于古特提斯洋的俯冲及后续的碰撞造山过程,东昆仑地区整体处于伸展构造背景,产生了一系列北西-近东西向构造,岩浆热液沿构造薄弱带上涌,通过沉淀富集或填充交代形成区内的两种类型的脉型金矿床(国显正,2020)。

此外,不同类型的矿床具有相似的成矿时代,均集中于晚三叠世,与古特提斯洋陆陆碰撞及后碰撞阶段构造-岩浆活动时限联系紧密。但从矿床类型角度来看,斑岩型矿床形成稍早,后为矽卡岩型和脉型金矿,脉型银铅锌矿则形成最晚;野外调研在瓦勒尕金矿中发现了后期的银多金属矿脉穿插金多金属硫化物脉,也证明了区内脉型银铅锌矿形成相对较晚。

(二)矿床空间分布规律

区内脉状金矿床多产出于昆中断裂带以北,受其次级断裂香日德-德龙断裂控制作用明显,呈北西向带状聚集以及一定等距性分布的特征。香日德-德龙断裂西侧金矿规模整体较大(如果洛龙洼金矿和阿斯哈金矿),显示出丛聚性分布的特点。

区内脉型银铅锌多金属矿在空间展布上同样具有明显的聚集性分布规律,主要集中分布在那更康切尔沟—哈日扎一带和巴隆—托克妥一带。与区内金矿不同的是,银铅锌多金属矿除受昆中断裂次级断裂控制外,还明显受火山建造控制作用,如那更康切尔银矿和各玛龙银铅锌多金属矿受环形构造、火山建造控制,矿体多产出于古元古界金水口岩群、鄂拉山组火山岩以及三叠系岩体中。

根据近年来找矿勘查进展,区内发现多处斑岩型-矽卡岩型多金属矿点及矿化线索,并且在空间位置上与已知的金、银等矿床存在一定的耦合性——以斑岩体为中心的岩浆热液成矿系统,并且在空间上的分布可呈现出一定的等距性。

(三)矿床共生规律

研究区跨越东昆中岩浆弧带、东昆仑南坡俯冲碰撞杂岩带两个二三级构造单位。其中,东昆中岩浆弧带从矿种类型来看,存在金矿(果洛龙洼金矿、按纳格金矿、阿斯哈金矿、瓦勒尕金矿、巴隆金矿、诺木洪金矿等)、银矿(那更康切尔银矿、哈日扎银多金属矿、乌妥沟银多金属矿等)、铁矿(屋阿图沟含铜磁铁矿、哈拉森沟磁铁矿矿化点、达热吾勒哈磁铁矿)、铜矿(香加恰当铜矿、马里木吾卡铜矿点、见铜沟铜矿等)、铅锌矿(克合特铅锌矿、各玛龙铅锌矿、帕龙沟铅锌矿等)和锡矿(占卜扎勒铁铜锡矿)的共生;从矿床类型看,该构造单元存在岩浆热液脉型金矿,构造蚀变岩型金矿,岩浆热液型银矿,斑岩型、热液脉型矿床铜铅锌锡银多金属矿,岩浆热液型铁铜矿和矽卡岩型铁铜锡矿等。

东昆仑南坡俯冲碰撞杂岩带从矿种上看,存在金铅锌多金属矿(坑得弄舍)、铬铁矿(清水泉铬铁矿矿点等)、铜矿(小矿铜矿化点、哈尔汗铜矿点等)和铜钴矿(督冷沟铜钴矿床、哈图铜钴矿等);从矿床类型看,该单元存在岩浆热液型、喷流沉积型、矽卡岩型、沉积变质型。纵观整个研究区,东昆中岩浆弧带以金矿、银矿为主,辅以铜矿点和矽卡岩型铁铜锡矿;东昆仑山南坡杂岩带矿种类型较为丰富,主要包括金、铜钴、铅锌等。

在矿区尺度上,矿床的共生规律多体现在多矿种同类型的矿床组合,造成这种矿床共生现象的原因通常是共生元素的地球化学性质相近或相似,以及一定的物理化学平衡因素的作用,也可以是多期成矿作用在同一空间内的叠加。研究区内矿床共生现象较为普遍,已发现的昆中岩浆弧带中的几个岩浆热液脉型金矿均存在其他伴生元素,如果洛龙洼金矿床以Au为主,伴生有Ag、Cu、Pb,按纳格金矿床伴生有Pb,上述特征在色日金矿区更为显著,0号勘探线显示浅部为Au、Ag矿体,深部为Au矿体,这些伴生元素除Ag元素外,其他的与Au的化学性质并不相近,它们产于同一空间应该是多期次成矿作用的叠加,那更康切尔银矿以往被认为是独立银矿。而在笔者团队2018年的勘探工作中,在其深部发现了斑岩型铅锌矿化,其南部的肉早某日地区铅锌与银的共生关系更为明显,在昆南杂岩带中坑得弄舍及督冷沟两个矿床存在明显的多矿种共生现象,其中坑得弄舍矿床Au、Ag、Pb、Zn单个矿种都达到了边界品位以上,矿区矿体从北到南,从浅部至深部具有富铅锌、富金的变化趋势,两者之间为逐渐过渡关系,同时该矿床还伴生有Cu,此外近期的勘探工作发现了深部的斑岩型铜矿化,可能在深部存在斑岩型铜矿,从矿床的地质特征考虑,该矿床的共生现象是多期成矿作用导致的。督冷沟矿床存在Cu、Co的共生,两者性质相近,形成于同一成矿作用过程中,后期虽有构造叠加作用,但对该矿床的改造作用有限。伴生情况具体见表5-1。

表5-1 东昆仑东段矿床共生情况简表

矿床名称	矿种	类型
托克妥	Au,伴生Ag、Cu	斑岩型
扎空龙洼	Au、Ag	矽卡岩型+岩浆热液型
果洛龙洼	Au,伴生Ag、Cu、Pb	石英脉+蚀变岩型
瓦勒尕	Au 伴生Pb、Ag	构造蚀变岩型
阿斯哈	Au	构造蚀变岩型
按纳格	Au,伴生Pb	构造蚀变岩型、石英脉型
色日	Au	构造蚀变岩型
达热尔	Au、Ag	构造蚀变岩型
德龙	Au、Cu	石英脉+蚀变岩型
巴隆	Au	构造蚀变岩型
浪木日	Ni	岩浆熔离型
那更康切尔沟	Ag	中低温构造热液型
那更北	Ag	低温热液型

续表 5-1

矿床名称	矿种	类型
哈日扎	Cu、Pb、Zn、Sn、Ag	斑岩型-热液脉型-矽卡岩型
色德日	Au 伴生 Fe	蚀变岩型＋矽卡岩
拉浪麦	Au、W	矽卡岩型
屋阿图沟含铜磁铁矿化点	Fe、Cu	岩浆热液型
占卜扎勒铁铜锡矿点	Fe、Cu、Sn	矽卡岩型
哈拉森沟磁铁矿化点	Fe	矽卡岩型
督冷沟	Cu、Co	喷流沉积
龙什更	Fe、Co	热液沉积＋喷流沉积
哈尔汗铜矿点	Cu	岩浆热液型
清水泉铬铁矿矿点	Cr、Fe	岩浆热液型
小矿铜矿化点	Cu	岩浆热液型
坑得弄舍	Au、Ag、Pb、Zn	喷流沉积＋热液叠加改造
占卜扎勒	Fe	矽卡岩型
赛钦铜钴矿点	Cu、Co	矽卡岩型
哈拉山南坡磁铁矿矿点	Fe	沉积变质型

第二节　预测要素及找矿模型

研究区成矿作用受区内构造、岩浆岩、地层共同控制。不同类型矿床具有不同的成矿地质条件、矿化特征、找矿标志，其相应的成矿预测要素亦存在差异。现基于区内典型矿床研究基础上，从地质、物探、化探、遥感找矿信息出发，总结了区内脉型金矿床、脉型银铅锌多金属矿床、矽卡岩型铁铜钨多金属矿床和斑岩型铜钼多金属矿床的预测要素，从而构建了找矿预测模型。

第五章 综合信息集成与成矿预测

一、脉型金矿床预测要素及找矿模型

区内脉型金矿床提取的关键预测要素可以概述为:成矿不受围岩限制,赋矿围岩主体为前寒武—早古生代变质地层和印支期及更早期中酸性岩体。矿田、矿床及矿体定位严格受昆中断裂构造体系控制,昆中一级断裂构造控制着区内沉积和岩浆活动范围和强度;二级断裂构造如香日德-德龙断裂作为导矿构造,控制着矿田的展布;三级次级构造控制矿体的具体定位,主要为近北西向、近北东向、近东西向断裂构造及韧性剪切带等,是脉型金矿床的必要预测要素。矿体产状以脉状、透镜状为主,矿石类型分为石英脉和蚀变岩型,黄铁绢英岩化和硅化与矿体空间关系密切是重要的预测要素。地表褐黄色破碎蚀变带,发育石英脉、褐铁矿化、黄钾铁矾化,可作为重要的找矿标志。物探、化探、遥感找矿信息方面,Au 元素异常通常具有高浓度区,具有三级浓度分带,浓集中心明显,浓集中心位于老变质岩区或岩体附近,金砷锑元素异常空间套合较好;磁异常主要为反映隐伏断裂构造高磁性体的一类异常,已知矿体与遥感解译出的线性构造匹配度好,等距性特征明显,可视为重要的预测要素之一。具体预测要素及模型见表 5-2 与图 5-1。

表 5-2 脉型金矿床预测要素一览表

预测要素	描述内容	预测要素分类
大地构造位置	秦祁昆成矿域东昆仑多金属成矿带东段	必要
主要控矿地层	前寒武纪—早古生代变质地层	次要
主要控矿岩浆岩	印支期中酸性岩体	次要
主要控矿构造	区域性断裂次级断裂,主要控矿断裂为近北西向、近北东向、近东西向断裂	必要
变质及变形作用	变质及变形程度较低	次要
矿体及矿石特征	矿体产状以脉状、透镜状为主;矿石类型以石英脉和蚀变岩型为主	必要
围岩蚀变标志	与矿体关系密切的是硅化、绢云母化、绿泥石化、黄铁矿化及高岭土化、褐铁矿化等	必要
地表露头特征	地表褐黄色破碎蚀变带,发育石英脉、褐铁矿化、黄钾铁矾化	必要
化探异常	Au 异常高浓度区,金砷锑元素异常空间套合较好,具有三级浓度分带,浓集中心明显,浓集中心位于老变质岩区或印支期岩体附近	重要
物探异常	北北东向磁异常、隐伏高磁性体	重要
遥感异常	明显沿构造展布、套合性较好的多级羟基、铁染异常分布区	重要

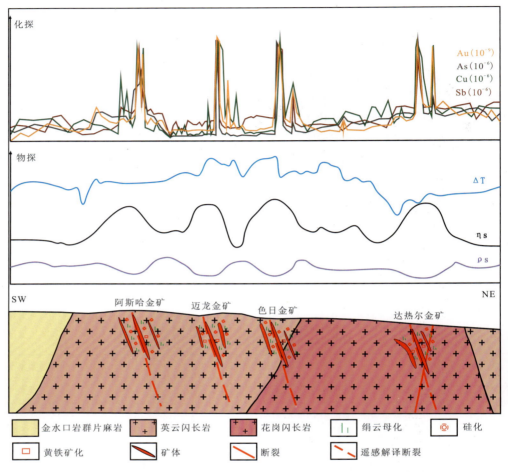

图 5-1 脉型金矿床找矿模型图

二、脉型银铅锌多金属矿床预测要素及找矿模型

  区内脉型银铅锌多金属矿床赋矿围岩主要为古元古界金水口岩群及上三叠统鄂拉山组火山岩。控矿构造以北西向为主,北东向环形构造带均对矿体有明显的控制作用。矿体产状以细脉状、网脉状为主,强硅化、锰矿化、黄铁矿化—高岭土化、泥化、褐铁矿化—绿泥石化等与矿体空间关系密切,视为必要的预测要素,地表黑褐色软锰矿化为重要的找矿标志之一。当赋矿围岩为金水口岩群时,矿石矿物以黄铁矿、辉银矿、软锰矿、褐铁矿为主,部分可见方铅矿、闪锌矿等;当矿体产于鄂拉山组中,矿石矿物一般为黄铁矿、毒砂、方铅矿、黄铜矿、黝铜矿、斑铜矿等。物化探及遥感预测要素方面:化探异常具金、银、铅、锌、锑异常浓集中心,且相互之间套合性良好;金水口岩群中矿体激电异常显示中高极化(6%～12%)、低电阻率(200Ω·m 以内)的特征,鄂拉山组中矿体显示高极化(8%～12%)、相对高阻率(大于300Ω·m),磁法测量推测的隐伏岩体及异常过渡带上与激电异常中高极化率地段(8%～

12%)的叠加地段为重要找矿有利地段;遥感解译控矿构造多与北西向及北北西向线性构造有关。具体见表5-3和图5-2。

表5-3 脉型银铅锌多金属矿床预测要素一览表

预测要素	描述内容	预测要素分类
大地构造位置	秦祁昆成矿域东昆仑多金属成矿带东段	必要
主要控矿地层	古元古界金水口岩群和上三叠统鄂拉山组	重要
主要控矿岩浆岩	鄂拉山组火山岩	重要
主要控矿构造	北西-北西西向,多组断裂的交会部位	必要
变质及变形作用	变质及变形程度较低	次要
矿体及矿石特征	呈脉状、似层状;金属矿物除了常见的黄铁矿、毒砂、磁黄铁矿、黄铜矿、方铅矿和闪锌矿外,还有含银矿物,如自然银、辉银矿、银黝铜矿等	必要
围岩蚀变特征	有褐铁矿化、硅化、萤石化、冰长石化、明矾石化和绿泥石化	必要
地表露头特征	黑褐色的铁锰矿化、褐铁矿化、硅化	重要
化探异常	银三级浓度分带明显,常与金、铅、锌、锑关系密切,异常具有北西向展布特点	重要
物探异常	金水口岩群中激电异常中高极化、低电阻率部位,鄂拉山组中、高极化、相对高阻地段;异常过渡带上与激电异常中高极化率地段的叠加地段是成矿有利地段	重要
遥感异常	北西向与北北西向解译构造	重要

三、斑岩-矽卡岩型铁铜钼钨矿床预测要素及找矿模型

矽卡岩型铁铜钨多金属矿床主要分布在昆中断裂北侧。矿床就位于中—晚三叠世中酸性岩体与碳酸盐岩地层的接触带内,控矿地层包括古元古界金水口岩群、中元古界小庙岩组和上石炭统缔敖苏组等含碳酸盐岩建造地层。控矿构造主要为接触带构造,矿体产于接触带矽卡岩带内,成矿后近东西向构造对矿体进行了改造富集,是寻找厚大矿体的有利部位。接触交代矿床典型两期五阶段选择性发育,矿石矿物主要为磁铁矿及多金属硫化物,围岩蚀变以典型矽卡岩化为特征。条带状、椭球状磁异常明显,矿床常产于正负异常交界处。

斑岩型铜钼矿床多分布于三叠纪中酸性岩体内,部分矿床产出于三叠纪岩体与古元古界金水口岩群的接触带中。矿体多呈脉状、透镜状产出,矿石类型主要为网脉状矿石和浸染状矿石,金属矿物以辉钼矿、黄铁矿、黄铜矿、闪锌矿和方铅矿为主,蚀变类型主要有硅化、钾化、绢云母化、黄铁矿化、绿泥石化、绿帘石化、高岭土化和碳酸盐化,中硅化及钾化蚀变与铜钼矿化关系密切。自矿体至围岩,蚀变具有明显的分带性,为该类型矿床重要的预测要素,钼矿(化)体主要位于钾化-硅化蚀变带中,矿(化)体外围发育绢英岩化-绿泥石化带,更远处则主要发育碳酸盐化和高岭土化。具体见表5-4和图5-3。

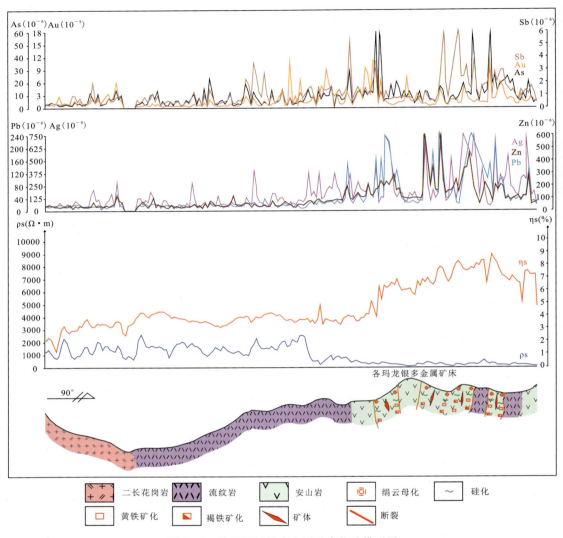

图 5-2 脉型银铅锌多金属矿床找矿模型图

表 5-4 矽卡岩-斑岩型铁铜钼钨矿床预测要素一览表

预测要素	矽卡岩型铁铜钨多金属矿床	斑岩型铜钼多金属矿床	预测要素分类
大地构造位置	秦祁昆成矿域东昆仑多金属成矿带东段		必要
主要控矿地层	金水口岩群、小庙岩组和石炭系缔敖苏组碳酸盐岩(大理岩、片岩)	主要受岩体控制	必要
主要控矿岩浆岩	印支—燕山早期中酸性岩体(246~220 Ma)	印支—燕山早期中酸性岩体(246~220 Ma),注意斑岩体识别	必要

续表 5-4

预测要素	矽卡岩型铁铜钨多金属矿床	斑岩型铜钼多金属矿床	预测要素分类
主要控矿构造	矽卡岩化接触带	已有脉状矿体远端、深部构造、角砾岩筒	必要
变质及变形作用	变形程度较低,接触变质作用明显	变形程度较低	次要
矿体及矿石特征	常见的矿石构造为块状、浸染状、脉状和网脉状构造	矿石矿物主要有辉钼矿、黄铁矿、黄铜矿、方铅矿、闪锌矿等	次要
围岩蚀变特征	矿床围岩蚀变发育,主要为矽卡岩化、碳酸盐化、硅化、绢云母化等,其中矽卡岩化包括硅灰石化、阳起石化、透闪石化、绿泥石化、绿帘石化等	围绕矿床中心存在巨大蚀变晕和蚀变分带,钾硅酸盐化带→青磐岩化带→绿泥石绢云母化带→绢英岩化带→高级泥化带	必要
物化探异常	条带状、椭圆状磁异常明显,矿床常产于正负异常交界处	化探综合异常元素多,套合好,存在浓集中心,Cu、Mo、W等元素异常强度高,存在高中低温元素分带性	重要
遥感异常	高光谱遥感识别提取泥化、青磐岩化、绢云母化等蚀变信息具有良好的应用效果		重要

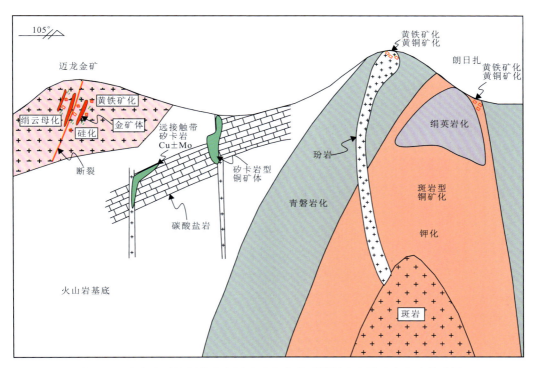

图 5-3 矽卡岩型铁铜钨多金属矿床和斑岩型铜钼多金属矿床找矿模型图

第三节　成矿预测

研究区靶区优选基于两个尺度进行：其一，整个研究区范围，划分成矿带与找矿远景区，圈定找矿靶区划分有利地段；其二，在典型矿床范围深部或外围圈定可供工程验证的靶区。

一、成矿区带划分与找矿靶区圈定

成矿区带划分原则。①区域构造演化与成矿系列相结合，成矿演化是区域地质构造演化的重要组成部分，成矿作用往往与构造-岩浆、地层岩性、流体热事件密切相关。因此，划分成矿区带，既考虑大地构造的历史演化特征，也要注意成矿演化的特殊性。②物探、化探、遥感找矿信息与地质信息相结合。地球物理、地球化学异常是深部地质构造格局和演化的表象体现，成矿期间可能的隐伏构造-岩浆活动（或其他热事件），在宏观上控制各种岩石-含矿构造/层位的空间分布，为最根本的成矿控制因素）。③矿床类型分布与关键控矿因素相结合。不同的控矿因素组合，造就了不同的成矿类型。成矿区带划分不但要研究矿床（点）的空间分布特点，同时要充分考虑成矿时间的统一性和成矿时序的演化性，以及成矿地质体的时空展布。④级别序次与找矿意义相结合。按由大到小级次划分成矿区带，并按照不同层次找矿意义，将成矿区带依次划分为4个层次：Ⅲ级成矿带、Ⅳ级成矿亚带、Ⅴ级成矿远景区、Ⅵ级找矿靶区。其中Ⅲ级和Ⅳ级成矿带的划分参考2013年完成的《青海省潜力评价》及2019年完成的《中国区域地质志·青海志》研究成果。

找矿靶区圈定的指导思想是：以金、银为主攻矿种，兼顾铜、铅、锌等新矿种，以相似-类比理论、成矿系列理论、地质致矿理论为理论基础，以通过综合信息集成工作提取的预测要素和建立的找矿模型为主要依据，在Ⅴ级成矿与远景区划分的基础上，圈定出具有进一步工作价值的成矿有利地段。

研究区主体位于东昆仑（造山带）Fe-Pb-Zn-Cu-Co-Au-W-Sn-石棉三级成矿带（Ⅲ-26）的东段地区。仅有西南角小面积区域位于阿尼玛卿Cu-Co-Zn-Au-Ag成矿带（Ⅲ-29）中且主要为第四系沉积物，未单独予以划分。

区内涉及的Ⅳ级成矿亚带自北至南划分为祁漫塔格-都兰Fe-Cu-Pb-Zn-W-Sn-Bi-Au-Mo成矿亚带（Ⅳ-26①）；伯喀里克-香日德Au-Pb-Zn-Mo-石墨-萤石（Cu、稀有、稀土）成矿亚带（Ⅳ-26②）；东昆仑南部（坳褶带/增生楔）Cu-Co-Au成矿亚带（Ⅳ-26③）。

圈定8个找矿远景区、20个找矿靶区，其中A类靶区11处，B类靶区8处，C类靶区1处。具体见表5-5和图5-4。

表 5-5　东昆仑东段矿产资源远景区成矿区带划分及成矿预测列表

潜力评价划分方案		本次圈定	
三级成矿带	四级成矿亚带	远景区	找矿靶区
东昆仑（造山带）Fe-Pb-Zn-Cu-Co-Au-W-Sn-石棉成矿带（Ⅲ-26）	祁漫塔格-都兰 Fe-Cu-Pb-Zn-W-Sn-Bi-Au-Mo 成矿亚带（Ⅳ-26①）	三道河湾-扎玛日找矿远景区（V1）	三道河湾金银多金属找矿靶区（A4）
		那日马拉黑找矿远景区（V2）	那日马拉黑铜多金属找矿靶区（A5）
		纳让-察汗乌苏找矿远景区（V3）	老马日岗铅锌多金属找矿靶区（A6）
			龙门切银多金属找矿靶区（A7）
	伯喀里克-香日德 Au-Pb-Zn-Mo-石墨-萤石（Cu、稀有、稀土）成矿亚带（Ⅳ-26②）	巴隆-托克妥找矿远景区（V4）	巴隆北西金多金属找矿靶区（A1）
			巴隆公社银多金属找矿靶区（A2）
			托克妥北金多金属找矿靶区（A3）
			可可喝特里银多金属找矿靶区（B1）
			电厂沟银多金属找矿靶区（B2）
			阿拉恩木金多金属找矿靶区（B6）
			托克妥南银金铜铅锌多金属找矿靶区（A10）
		瓦勒尕-浪木日找矿远景区（V5）	克特力南银多金属找矿靶区（A11）
			克错多银多金属找矿靶区（B4）
			波洛合特金多金属找矿靶区（B3）
			哈日图金多金属找矿靶区（B7）
			哈日扎北金铜多金属找矿靶区（B5）
			迈龙金找矿靶区（A8）
	东昆仑南部（坳褶带/增生楔）Cu-Co-Au 成矿亚带（Ⅳ-26③）	肯得冷-益克特开特找矿远景区（V6）	昆中断裂南金找矿靶区（C1）
		督冷沟-塔妥找矿远景区（V7）	督冷沟铜多金属找矿靶区（A9）
		得龙-拉玛托洛胡找矿远景区（V8）	假乌龙金银找矿靶区（B8）

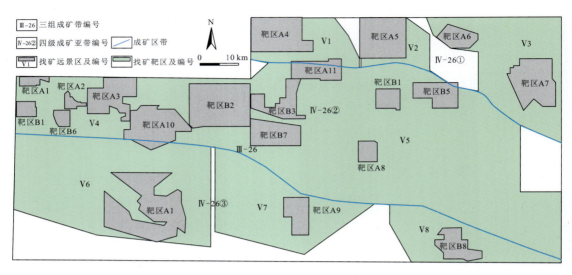

图 5-4 成矿区带划分与靶区圈定示意图

二、矿区深部找矿潜力评价

研究区内脉状金矿床属于构造-蚀变岩型金矿,具有走向稳定、深部延伸大的特点。矿床的产出明显受早期昆中断裂带匹配的次级北西西向断裂与后期北西向香日德-德龙二级边界断裂联合控制,所有矿床均产于北西西向次级断裂的上盘/下盘,矿床内主矿体的定位则受北西西向断裂与北西向香日德-德龙二级边界断裂的交会部位所控制。形成了以果洛龙洼、阿斯哈、瓦勒尕、迈龙、色日、达热尔金矿为主的矿集区,断裂构造和侵入岩体是主要的成矿和控矿因素(图 5-5)。前期成矿规律预研究和深部勘查工作,在 3750m 左右标高深部均揭露到第二找矿空间,显示出了找矿增储的巨大潜力。

果洛龙洼矿区断裂均呈近东西向与矿田断裂相交,为矿田断裂(配矿构造)的派生断裂,成矿物质在经历了矿田断裂的运移后在矿区断裂聚集成矿。平面上果洛龙洼金矿床含矿破碎带从东西向呈左阶平行展布,各阶梯中心相距近 1.4km;南北方向存在 3 条相互平行的矿带,各矿带相距约 260m(图 5-6)。矿体在纵剖面上也呈现出一定的富集规律,即由浅部至深部整个矿区矿体产出于两个富集标高,上部富集段下限标高在 3700m 左右,下部富集段下限标高在 3400m 左右。同时,矿区还存在不同尺度的矿化强弱相间的规律。由于成矿期控矿构造以逆冲为主,剪切性质不明显,导致矿体尽管有向东侧伏的趋势,但总体上侧伏角度不大。钻孔 ZK149-5(2.53g/t)、ZK63-3(3.45g/t)、ZK11-1(4.25g/t、3.85g/t),均揭露到深部第二找矿空间矿体头部位置。虽然在 3750m 左右标高出现了矿化减弱带,但是深部仍存在较大找矿空间。

第五章 综合信息集成与成矿预测

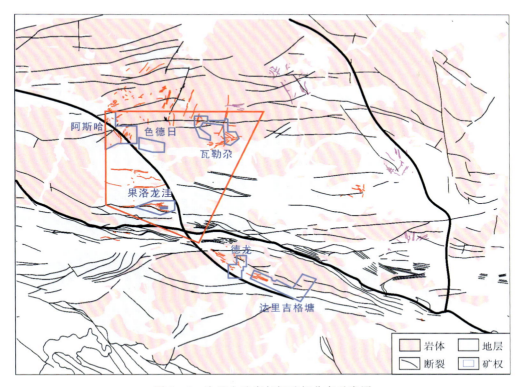

图 5-5 沟里金矿床与探矿权分布示意图

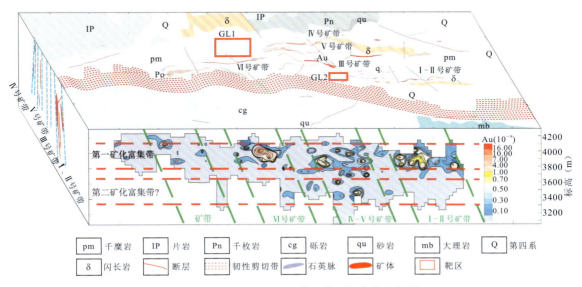

图 5-6 果洛龙洼矿区矿体三维空间富集规律图

瓦勒尕主矿体为AuⅥ-1,地表由21个探槽控制,长约1400m,矿体受多条左型平移断裂错断西移,平移距离15～65m,形成独立矿块,按空间分布位置以中部F₉断层为界,划分为6个矿段。矿体中部由7个中段沿脉坑道控制,控制长1440m,深137m。深部由23个钻孔控制长720m,最大矿面斜深552m,最低标高3667m,矿体延倾向分段富集,尖灭再现,规律明显;矿体真厚度0.09～2.82m,平均0.70m。Au品位0.8～112g/t,平均15.09g/t。深部钻探工程在7线(8.16g/t,1.54m)、0线(29.65g/t,1.64m;5.91g/t,1.54m)、14～24线(5.42g/t,1.54m;6.88g/t,1.54m;4.79g/t,0.58m)均揭露到工业矿体(图5-7)。指示3900m标高存在第二找矿空间,应在矿体定位规律和富矿段产出空间位置(矿体排列方式、尖灭再现/侧现、倾伏、侧伏等)研究基础上,开展进一步工程验证。

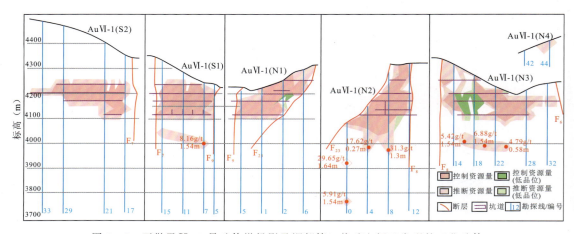

图5-7 瓦勒尕Ⅵ-1号矿体纵投影及深部第二找矿空间已发现的工业矿体

阿斯哈产于花岗闪长岩体中构造破碎带中,共圈出含金构造破碎带11条,圈定金矿体35条,铜矿体1条。矿体主要产于北东向、北西向、近南北向的3组构造破碎带中,密集成带成群分布,倾向多为南东至北东向,倾角一般在75°左右。矿体总体深部延伸稳定,如Ⅶ-1号矿体在19线深部巷道3680YM(6.78g/t,0.63m)、3640YM(7.74g/t,0.45m)、23线深部3680YM(6.84g/t,0.79m)、3640YM(5.90g/t,0.37m)均有揭露,相邻探矿工程也控制存在高品位工业矿体。合理部署探矿工程,兼顾平行带找矿是下一步的工作重点。

第四节 靶区验证情况

2020—2022年,青海省有色地质矿产勘查局第三地质勘查院与中国地质大学(武汉)资源学院根据本次成矿预测成果,在研究区开展了异常查证与靶区验证工作,取得了较大的找矿突破。

金矿方面,在迈龙地区新发现4条矿带(AuⅧ、AuⅩⅥ、AuⅩⅦ、AuⅩⅧ),地表延伸稳定、品位高(图5-8)。其中Ⅷ带规模最大,长2300 m,地表宽度1.2～6.0 m,带内圈出金矿体(AuⅧ-1、AuⅧ-2)2条,金矿化体[AuⅧ-1(h)、AuⅧ-2(h)]2条。在色日地区新发现3条含矿带(AuⅦ、AuⅧ、AuⅨ),其中AuⅦ含矿构造蚀变带规模最大,长2500 m,厚3～5 m,圈定AuⅦ-1矿体,产于AuⅦ含矿构造蚀变带北段,由2条探槽控制,长200 m,厚0.81～0.94 m,Au平均品位14.17 g/t,最高品位56.1 g/t。在达热尔矿区新发现Ⅻ矿带,长600 m,宽2～8 m,带内圈出Ⅻ-1AuAg矿化体,长585 m,厚0.1～0.2 m,平均厚0.15 m,斜深控制153 m,Au品位2.86～9.52 g/t,平均品位7.87 g/t,Ag品位28.7～139 g/t,平均品位73.12 g/t。

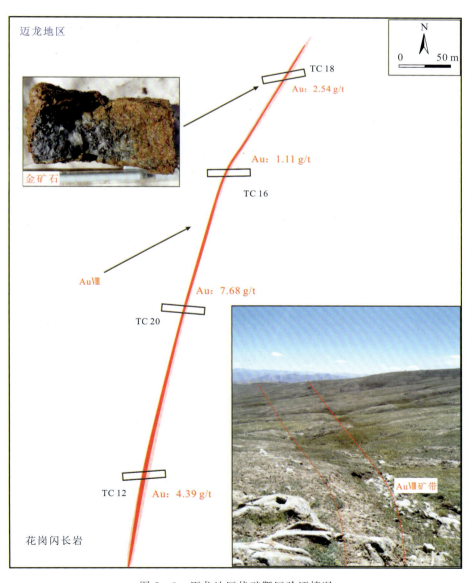

图5-8 迈龙地区找矿靶区验证情况

另外，在查证过程中，多个地区取得了新矿种的突破。在波洛合特靶区（B3）：发现一条含矿矽卡岩带（SKⅠ），圈出以钨为主的多金属矿体一条，长530 m，宽2~3.5 m，WO_3 平均品位2.29%，单样最高4.99%。在克特力4靶区（A11）圈定各类矿体4条，其中铅锌Ⅰ含矿带内圈出银铜铅锌矿体1条，长约200 m，宽2.75 m，Ag品位82.19~208 g/t，Cu品位0.42%~0.50%，Pb品位1.98%~5.53%，Zn品位1.36%~5.46%；SKⅠ矽卡岩带内圈出铁矿体1条，矿体长500 m，真厚度2.72 m，TFe品位28.8%~58.45%，mFe品位14.51%~53.33%；SKⅢ矽卡岩带内圈出钨矿体1条（W1-1），长约500 m，真厚度1.0 m，WO_3 品位0.14%~0.31%。在哈日图靶区（B7）：圈出一条构造蚀变带（PfⅠ），带内圈出金银多金属矿体1条，初步追索长度780 m，宽3~5 m，矿化、蚀变较强。带内圈出金银铅锌复合矿体1条（Ⅰ-1矿体），为金银铅锌复合矿体，长约160 m，厚度2 m，Au平均品位4.71 g/t，最高9.39 g/t；Ag平均品位116 g/t，最高品位180 g/t；Pb平均品位2.02%，最高品位3.17%；Zn平均品位1.3%，最高品位2.22%。

在拓展空白区斑岩-矽卡岩型矿床找矿方面，依据成矿系统理论研究成果，野外查证在朗日扎地区发现较为完整的斑岩型蚀变系统，英安玢岩与地层接触带位置发育硅化、钾化、绢云母化，深部可能存在含矿斑岩体，地表为较顶部蚀变分带。而且玢岩呈岩枝状产出，局部发育浸染状、网脉状黄铜矿化，金异常最高为 $221×10^{-9}$（Au-504），捡块样Cu品位0.29%~1.06%。

综合来看，本次成矿预测工作找矿效果显著，达到了降低勘查风险、服务找矿实践的目的。

第六章　成果认识及存在的问题

第一节　主要结论及创新点

1. 提出东昆仑东段不同类型多矿种成矿系列和成矿系统模式，实现了成矿理论的再认识与再创新，为找矿突破提供了依据

在总结归纳东昆仑东段主要类型矿床时空分布和地质特征的基础上，通过系统分析各类矿床的成矿时代、成矿构造背景及成矿流体与物质来源，提出巴隆—沟里地区存在中—晚三叠世（240~220 Ma）与岩浆热液有关的钨、钼、金、银、铜、铅、锌、铁成矿系统，并划分了以脉型金、脉型银铅锌多金属、矽卡岩型铁铜钨多金属、斑岩型铜钼多金属 4 个成矿系列。巴颜喀拉板块深俯冲及板块断离诱发软流圈地幔的上涌及随后的大规模岩浆-流体活动，富含金属挥发分的岩浆热液与上地壳的岩石和流体发生交代和流体混合，最终形成区内巨型的岩浆-热液成矿系统。基于该成矿系统，东昆仑东段地区具有寻找多类型共生矿床的潜力。

2. 开展综合勘查技术应用示范与研究工作，采用大比例尺多元信息集成和综合找矿方法技术组合开展成矿预测，为东昆仑成矿带找矿提供了技术支撑，指导勘查项目高效准确取得找矿突破

（1）以大比例尺构造-蚀变专项填图工作为手段，厘定了构造类型与序次、含矿构造性质及组合关系，对于找矿预测工作具有重要意义。紧密围绕矿区构造格架、构造序次进行研究，针对果洛龙洼与瓦勒尕金矿开展的大比例尺构造-蚀变填图工作，查明了矿区内构造活动期次，厘清了地质、蚀变和矿化特征及其与不同规模构造作用之间的相互关系，分析了区域与矿区尺度断裂构造的控矿作用，对于找矿预测工作具有重要意义。

（2）以 1∶2.5 万地球化学测量成果为主体，以战略性矿种为主攻对象，研发了适合高寒覆盖区的大比例尺成矿预测的方法体系。针对 1∶2.5 万地球化学测量范围较局限，不能客观反映整个区域的地球化学特征，地球化学资料缺乏综合开发利用与精细化研究，对所获成果的综合利用、找矿信息提取、成矿预测及综合研究等方面的应用不够充分等问题，提出了以 1∶2.5 万地球化学测量成果为主体，以战略性矿种为主攻对象，适合矿集区的大比例尺信息集成的方法。同时研发了多目标复杂结构化探数据校正方法，实现了多源海量勘查地球化学大数据中隐蔽找矿信息的有效提取。

（3）根据沟里矿集区构造控矿明显的特征，提出了大面积基于多源遥感卫星数据的线性构造识别及找矿应用的研究方法。针对构造格架构建不够精细合理、矿体沿走向追索困难、面上找矿方向不明等制约找矿突破的关键问题，采用了1∶1万高分辨率遥感解译的方法，进行针对成矿控矿构造的多源卫星遥感数据调查及研究工作，深入分析该地区构造控矿规律、开展进一步找矿预测及后续的找矿工作提供了方向，实现了找矿突破。

3. 实现了区内矿种、新类型的找矿新发现和新突破，为东昆仑东段找矿提供了新方向和新思路

通过对迈龙、各玛龙重点勘查项目调查，在各玛龙矿区发现斑岩型矿产的面状蚀变，首次根据地质、物探、化探、遥感等信息进一步明确了在矿区的南部可能存在斑岩体的潜力，在该矿区的后续勘查中得到了证实；在迈龙矿区新发现明显的斑岩型围岩蚀变分带现象，并在中心处新发现两条矽卡岩带，推测沟里矿集区内深部可能存在热源中心；另外通过对化探元素的富集情况进行了分析认为，研究区北部 W、Sn 异常呈明显的富集，通过对圈定的靶区进行初步查证，发现了高品位的钨矿化线索，新立勘查项目两项，进一步带动了东昆仑地区钨矿的找矿工作。

第二节　存在的问题

（1）区内收集到的地球化学测量数据在分析元素种类上存在差异，导致化探信息集成工作存在部分元素空白区。此外，研究区以往样品对"三稀"（稀有、稀散、稀土）元素测试较为缺乏，限制了对研究区"三稀"矿床成矿潜力评价。

（2）研究区西部巴隆—托克妥地区成矿背景优越，但整体研究程度相对东部沟里地区较低，基础资料相对不足，矿产勘查与理论科研工作投入均相对薄弱，制约了对研究区整体成矿规律的认识以及巴隆—托克妥地区找矿突破。

（3）不同学者已对东昆仑成矿带内不同类型矿床的成因开展了系列研究，但多聚焦于单个矿床或单一类型矿床，矿种上也侧重于对脉型金、银金属矿的研究，对斑岩型矿床与矽卡岩型矿床重视不够。

主要参考文献

蔡雄飞,魏启荣,2007.东昆仑万宝沟岩群洋岛地层序列特征和构造古地理的恢复[J].地层学杂志,31(2):117-126.

曹丽,2020.景忍-虎头崖-肯德可克矿床成因矿物学与成矿环境特征[D].长沙:湖南师范大学.

曹令敏,2011.地球物理方法在金属矿深部找矿中的应用及展望[J].地球物理学进展,26(2):701-708.

陈广俊,2014.青海东昆仑沟里地区及外围金矿成矿作用研究[D].长春:吉林大学.

陈加杰,2018.东昆仑造山带东端沟里地区构造岩浆演化与金成矿[D].武汉:中国地质大学(武汉).

陈加杰,付乐兵,魏俊浩,等,2016.东昆仑沟里地区晚奥陶世花岗闪长岩地球化学特征及其对原特提斯洋演化的制约[J].地球科学,41(11):1863-1882.

陈静,谢智勇,李彬,等,2013.东昆仑拉陵灶火钼多金属矿床含矿岩体地质地球化学特征及其成矿意义[J].地质与勘探,49(5):813-824.

陈静,周涛发,张乐骏,等,2020.蚀变岩帽的特征、成因以及在华南的分布探讨[J].岩石学报,36(11):3380-3396.

陈俊霖,付乐兵,赵江南,等,2017.东昆仑东段果洛龙洼金矿床原生晕分带特征与深部找矿靶区圈定[J].地质科技情报,36(1):161-167.

陈绍强,庞保成,张冠清,等,2019.地质子区地球化学异常衬度值法在广西百色地区的应用[J].矿产与地质,33(6):1057-1061.

陈向阳,张雨莲,朱忠宝,等,2013.东昆仑清水河东沟斑岩铜钼矿地质地球化学特征[C].中国矿物岩石地球化学学会第14届学术年会论文摘要专辑,374-375.

陈衍景,李诺,邓小华,等,2020.秦岭造山带钼矿床成矿规律[M].北京:科学出版社.

陈永良,李学斌,2010.基于核函数理论的系统聚类分析[J].吉林大学学报(地球科学版),40(5):1211-1216.

陈永清,韩学林,赵红娟,等,2011.内蒙花敖包特$Pb-Zn-Ag$多金属矿床原生晕分带特征与深部矿体预测模型[J].地球科学,36(2):236-246.

陈有炘,裴先治,李瑞保,等,2013.东昆仑东段纳赤台岩群变火山岩锆石$U-Pb$年龄、地球化学特征及其构造意义[J].地学前缘,20(6):240-254.

陈长敬,张胜业,曾歌明,等,2007.激发极化法在西藏某地铜矿区的应用效果[J].工程地球物理学报,4(4):327-331.

程龙,2020.青海东昆仑五龙沟矿集区红旗沟金矿地质地球化学特征及成因研究[D].长春:吉林大学.

代威,2018.青海祁漫塔格景忍铅锌多金属矿矿床地质特征及找矿前景分析[D].长春:吉林大学.

戴慧敏,代雅键,马振东,等,2012.大兴安岭查巴奇地区水系沉积物地球化学特征及找矿方向[J].现代地质,26(5):1043-1050.

邓冠男,2013.聚类分析中的相似度研究[J].东北电力大学学报,33(1):156-161.

邓军,杨立强,孙忠实,等,2000.矿源系统地质-地球化学例析[J].现代地质,14(2):165-172.

翟裕生,1999.论成矿系统[J].地学前缘,6(1):13-27.

丁清峰,金圣凯,王冠,等,2013.青海省都兰县果洛龙洼金矿成矿流体[J].吉林大学学报(地球科学版),43(2):415-426.

丁烁,黄慧,牛耀龄,等,2011.东昆仑高Nb-Ta流纹岩的年代学、地球化学及成因[J].岩石学报,27(12):3603-3614.

董庆吉,陈建平,唐宇,2008.R型因子分析在矿床成矿预测中的应用:以山东黄埠岭金矿为例[J].地质与勘探,44(4):64-68.

窦光源,刘世宝,祁昌炜,等,2016.青海果洛龙洼金矿床流体包裹体研究[J].矿产勘查,7(4):569-574.

段宏伟,2014.东昆仑东段斑岩型矿床成矿特征及成矿规律[D].北京:中国地质大学(北京).

方维萱,2016.论热液角砾岩构造系及研究内容、研究方法和岩相学填图应用[J].大地构造与成矿学,40(2):237-265.

丰成友,2002.青海东昆仑地区的复合造山过程及造山型金矿床成矿作用[D].北京:中国地质科学院.

丰成友,李东生,屈文俊,等,2009.青海祁漫塔格索拉吉尔矽卡岩型铜钼矿床辉钼矿铼-锇同位素定年及其地质意义[J].岩矿测试,28(3):223-227.

丰成友,李东生,吴正寿,等,2010.东昆仑祁漫塔格成矿带矿床类型、时空分布及多金属成矿作用[J].西北地质,43(4):10-17.

丰成友,王松,李国臣,等,2012.青海祁漫塔格中晚三叠世花岗岩:年代学、地球化学及成矿意义[J].岩石学报,28(2):665-678.

丰成友,王雪萍,舒晓峰,等,2011.青海祁漫塔格虎头崖铅锌多金属矿区年代学研究及地质意义[J].吉林大学学报(地球科学版),41(6):1806-1817.

丰成友,张德全,屈文俊,等,2006.青海格尔木驼路沟喷流沉积型钴(金)矿床的黄铁矿Re-Os定年[J].地质学报(4):571-576.

付东阳,2021.物探磁法在区域地质调查中的应用研究[J].世界有色金属(4):99-100.

高晓峰,校培喜,谢从瑞,等,2010.东昆仑阿牙克库木湖北巴什尔希花岗岩锆石LA-ICP-MS U-Pb定年及其地质意义[J].地质通报,29(7):1001-1008.

主要参考文献

高永宝,李文渊,李侃,等,2013.青海祁漫塔格虎头崖铅锌矿床流体包裹体、同位素地球化学及矿床成因[J].地质通报,32(10):1631-1642.

高永宝,李文渊,马晓光,等,2012.东昆仑尕林格铁矿床成因年代学及Hf同位素制约[J].兰州大学学报(自然科学版),48(2):36-47.

高永宝,李文渊,钱兵,等,2014.新疆维宝铅锌矿床地质、流体包裹体和同位素地球化学特征[J].吉林大学学报(地球科学版),44(4):1153-1165.

谷子成,龙灵利,王玉往,等,2021.东昆仑那更康切尔沟银多金属矿床晚二叠世流纹斑岩年代学和地球化学特征研究[J].矿产勘查,12(4):919-933.

郭跃进,2011.青海东昆仑东段果洛龙洼金矿床地球化学特征与成矿模式[D].昆明:昆明理工大学.

郭正府,邓晋福,许志琴,等,1998.青藏东昆仑晚古生代末—中生代中酸性火成岩与陆内造山过程[J].现代地质,12(3):51-59.

国显正,2020.东昆仑东段古特提斯中酸性岩浆活动与多金属成矿作用[D].武汉:中国地质大学(武汉).

国显正,贾群子,孔会磊,等,2016a.东昆仑东段哈日扎石英闪长岩时代、成因及其地质意义[J].地质科技情报,35(5):18-26.

国显正,贾群子,栗亚芝,等,2016b.东昆仑热水二长花岗岩地球化学特征、年代学及其构造意义[J].矿物岩石地球化学通报,35(6):1318-1328.

国显正,贾群子,李金超,等,2016c.东昆仑热水钼矿区似斑状黑云母二长花岗岩元素地球化学及年代学研究[J].中国地质,43(4):1165-1177.

国显正,贾群子,郑有业,等,2016d.东昆仑热水钼多金属矿床辉钼矿Re-Os同位素年龄及地质意义[J].地质学报,90(10):2818-2829.

国显正,栗亚芝,贾群子,等,2018.东昆仑五龙沟金多金属矿集区晚二叠世—三叠纪岩浆岩年代学、地球化学及其构造意义[J].岩石学报,34(8):2359-2379.

韩凯,甘伏平,梁永平,等,2015.音频大地电磁测深法揭示的北京西山霞云岭-长操逆冲断层地下构造特征及其意义[J].地质论评,61(3):645-650.

何财福,2013.青海抗得弄舍重晶石型金多金属矿床成矿地质特征[D].北京:中国地质大学(北京).

何财福,2014.青海抗得弄舍重晶石型金多金属矿床成矿地质特征[J].矿产与地质,28(4):399-408.

何朝鑫,2014.青海省都兰县双庆铁矿床地球化学特征及成因探讨[D].成都:成都理工大学.

何英,张江,2012.新疆青河县野马泉金矿床地质及地球化学特征[J].地质找矿论丛,27(4):469-478.

胡荣国,2008.青海省果洛龙洼金矿地质地球化学特征及矿床成因研究[D].长沙:中南大学.

黄敏,赖健清,马秀兰,等,2013.青海省肯德可克多金属矿床地球化学特征与成因[J].

中国有色金属学报,23(9):2659-2670.

黄啸坤,2021.东昆仑巴隆—沟里地区金成矿作用与综合信息成矿预测[D].武汉:中国地质大学(武汉).

姜芷筠,2021.东昆仑五龙沟地区黑石山Cu-Pb-Zn矿床地质特征及矿床成因[D].长春:吉林大学.

蒋明光,2014.青海省玛多县坑得弄舍金-铅-锌多金属矿床成因及成矿规律研究[D].长沙:中南大学.

孔德峰,2014.青海省尕林格铁多金属矿床成矿作用与成因分析[D].长沙:中南大学.

孔会磊,李金超,黄军,等,2015.东昆仑小圆山铁多金属矿区斜长花岗斑岩锆石U-Pb测年、岩石地球化学及找矿意义[J].中国地质,42(3):521-532.

赖健清,黄敏,宋文彬,等,2015.青海卡尔却卡铜多金属矿床地球化学特征与成矿物质来源[J].地球科学,40(1):1-16.

雷源保,赖健清,王雄军,等,2014.虎头崖多金属矿床成矿物质来源及演化[J].中国有色金属学报,24(8):2117-2128.

李碧乐,沈鑫,陈广俊,等,2012.青海东昆仑阿斯哈金矿Ⅰ号脉成矿流体地球化学特征和矿床成因[J].吉林大学学报(地球科学版),42(6):1676-1687.

李浩然,2021.青海柴达木盆地周缘显生宙陆相火山岩区多金属成矿作用研究[D].长春:吉林大学.

李宏录,刘养杰,卫岗,等,2008.青海肯德可克铁、金多金属矿床地球化学特征及成因[J].矿物岩石地球化学通报,27(4):378-383.

李惠,禹斌,李德亮,等,2010.化探深部预测新方法综述[J].矿产勘查,1(2):156-160.

李惠,张文华,刘宝林,等,1999.中国主要类型金矿床的原生晕轴向分带序列研究及其应用准则[J].地质与勘探,35(1):34-37.

李金超,2017.青海东昆仑地区金矿成矿规律及成矿预测[D].西安:长安大学.

李金超,贾群子,孔会磊,等,2013.东昆仑沟里金矿田中酸性岩体的锆石LA-ICP-MS和U-Pb年龄及其地质意义[C]//中国矿物岩石地球化学学会.中国矿物岩石地球化学学会第14届学术年会论文摘要专辑,405.

李敏同,陈晓东,许远平,等,2018.东昆仑那更康切尔沟银矿床银矿物特征及成矿元素沉淀机制浅析[J].地质论评,64(3):723-736.

李敏同,李忠权,2017.东昆仑那更康切尔银矿床S-Pb-C-O同位素地球化学特征[J].矿物学报,37(6):771-781.

李青,2019.青海东昆仑哈日扎银铜多金属矿床地质特征及矿化富集规律[D].长春:吉林大学.

李瑞保,裴先治,李佐臣,等,2012.东昆仑东段晚古生代—中生代若干不整合面特征及其对重大构造事件的响应[J].地学前缘,19(5):244-254.

李世金,孙丰月,丰成友,等,2008.青海东昆仑鸭子沟多金属矿的成矿年代学研究[J].地质学报,82(7):949-955.

李彦伟,罗先熔,黄学强,等,2012. 因子分析在青海尕大阪矿区找矿中的应用[J]. 地质找矿论丛,27(3):361–365.

李艳军,魏俊浩,李欢,等,2017. 青海东昆仑地区五龙沟金矿田典型矿床成因类型与成矿模式[C]. 第八届全国成矿理论与找矿方法学术讨论会论文摘要文集,579–580.

李玉春,李彬,陈静,等,2013. 东昆仑拉陵灶火矿区花岗闪长岩 Sr–Nd–Pb 同位素特征及其地质意义[J]. 矿物岩石,33(3):110–115.

刘彬,马昌前,蒋红安,等,2013. 东昆仑早古生代洋壳俯冲与碰撞造山作用的转换:来自胡晓钦镁铁质岩石的证据[J]. 岩石学报,29(6):2093–2106.

刘成东,莫宣学,罗照华,等,2003. 东昆仑造山带花岗岩类 Pb–Sr–Nd–O 同位素特征[J]. 地球学报,24(6):584–588.

刘成东,莫宣学,罗照华,等,2004. 东昆仑壳–幔岩浆混合作用:来自锆石 SHRIMP 年代学的证据[J]. 科学通报,49(6):596–602.

刘崇民,马生明,胡树起,2010. 金属矿床原生晕勘查指标[J]. 物探与化探,34(6):765–771.

刘飞,2017. 青海东昆仑五龙沟矿集区深水潭金矿地质地球化学特征及成因研究[D]. 长春:吉林大学.

刘国栋,2007. 瞬变电磁仪:以 PROTEM 为例[C]. 第 8 届中国国际地球电磁学讨论会论文集,82–94.

刘国辉,王天意,徐国志,等,2009. 大功率激电在内蒙古扎鲁特旗某多金属矿勘查中的应用[J]. 工程地球物理学报,6(5):592–597.

刘建楠,丰成友,何书跃,等,2017. 青海野马泉铁锌矿床二长花岗岩锆石 U–Pb 和金云母 Ar–Ar 测年及地质意义[J]. 大地构造与成矿学,41(6):1158–1170.

刘建楠,丰成友,亓锋,等,2012. 青海都兰县下得波利铜钼矿区锆石 U–Pb 测年及流体包裹体研究[J]. 岩石学报,28(2):679–690.

刘劲松,邹先武,汤朝阳,等,2016. 大巴山地区水系沉积物地球化学特征及找矿方向[J]. 中国地质,43(1):249–260.

刘鹏,吕志成,董树义,等,2020. 青海祁漫塔格虎头崖铅锌多金属矿床流体包裹体特征及成矿机制研究[J]. 矿床地质,39(5):825–844.

刘颜,付乐兵,王凤林,等,2018. 东昆仑东段坑得弄舍多金属矿床 Pb–Zn 与 Au–Ag 成矿关系研究[J]. 大地构造与成矿学,42(3):480–493.

刘云华,莫宣学,喻学惠,等,2006a. 东昆仑野马泉地区景忍花岗岩锆石 SHRIMP U–Pb 定年及其地质意义[J]. 岩石学报,22(10):2457–2463.

刘云华,莫宣学,张雪亭,等,2006b. 东昆仑野马泉地区矽卡岩矿床地球化学特征及其成因意义[J]. 华南地质与矿产,3:31–36.

刘战庆,裴先治,李瑞保,等,2011. 东昆仑南缘阿尼玛卿构造带布青山地区两期蛇绿岩的 LA–ICP–MS 锆石 U–Pb 定年及其构造意义[J]. 地质学报,85(2):185–194.

鲁海峰,杨延乾,何皎,等,2017. 东昆仑哈陇休玛钼(钨)矿床花岗闪长斑岩锆石 U–Pb

及辉钼矿 Re-Os 同位素定年及其地质意义[J]. 矿物岩石,37(2):33-39.

鲁泽恩,田玉刚,柳庆威,等,2021. 基于 Sentinel-1 和 DEM 数据的南岭高植被覆盖区地形线性特征提取方法[J]. 地球科学,46(4):1349-1358.

陆露,2011. 东昆仑五龙沟金矿构造控矿特征研究[D]. 北京:中国地质科学院.

陆露,吴珍汉,胡道功,等,2010. 东昆仑牦牛山组流纹岩锆石 U-Pb 年龄及构造意义[J]. 岩石学报,26(4):1150-1158.

陆松年,于海峰,赵凤清,2002. 青藏高原北部前寒武纪地质初探[M]. 北京:地质出版社.

罗强,金和海,龚育龄,2013. 大功率激电在福建建宁某铀矿勘察中的应用[J]. 工程地球物理学报,10(1):57-61.

马昌前,熊富浩,张金阳,等,2013. 从板块俯冲到造山后阶段俯冲板片对岩浆作用的影响:东昆仑早二叠世—晚三叠世镁铁质岩墙群的证据[J]. 地质学报,87(S1):79-81.

马慧英,尹利君,李悟庆,等,2017. 青海都兰白石崖 M20 矿床成矿流体特征[J]. 矿产与地质,31(4):688-694.

马圣钞,丰成友,李国臣,等,2012. 青海虎头崖铜铅锌多金属矿床硫、铅同位素组成及成因意义[J]. 地质与勘探,48(2):321-331.

马一行,吕志成,颜廷杰,等,2020. 内蒙古昌图锡力地区重磁场特征与深部找矿指示[J]. 地质通报,39(8):1258-1266.

马忠元,李良俊,周青禄,等,2013. 东昆仑哈日扎斑岩型铜矿床特征及成因探讨[J]. 青海大学学报(自然科学版),31(3):69-75.

莫宣学,罗照华,邓晋福,等,2007. 东昆仑造山带花岗岩及地壳生长[J]. 高校地质学报,13:403.

南卡俄吾,贾群子,唐玲,等,2015. 青海东昆仑哈西亚图矿区花岗闪长岩锆石 U-Pb 年龄与岩石地球化学特征[J]. 中国地质,42(3):702-712.

潘彤,2005. 东昆仑成矿带钴矿成矿系列研究[D]. 长春:吉林大学.

潘彤,李善平,王涛,等,2022. 青海锂矿成矿特征及找矿潜力[J]. 地质学报,96(5):1827-1854.

潘彤,张金明,李洪普,等,2022. 柴达木盆地盐类矿产成矿单元划分[J]. 吉林大学学报(地球科学版),52(5):1446-1460.

裴长世,邢其涛,黄海,2015. 青海省都兰县清泉沟铜多金属矿床地质特征及找矿标志[J]. 科技资讯,13(6):61.

钱兵,高永宝,李侃,等,2015. 新疆东昆仑于沟子地区与铁-稀有多金属成矿有关的碱性花岗岩地球化学、年代学及 Hf 同位素研究[J]. 岩石学报,31(9):2508-2520.

乔保星,潘彤,陈静,等,2015. 东昆仑野马泉铁多金属矿床硫同位素地球化学特征及意义[J]. 科技创新导报,12(17):45-47.

任军虎,柳益群,冯乔,等,2009. 东昆仑清水泉辉绿岩脉地球化学及 LA-ICP-MS 锆石 U-Pb 定年[J]. 岩石学报,25(5):1135-1145.

主要参考文献

佘宏全,张德全,景向阳,等,2007.青海省乌兰乌珠尔斑岩铜矿床地质特征与成因[J].中国地质,34(2):306-314.

沈鑫,2012.青海东昆仑阿斯哈金矿矿床地质特征及成因研究[D].长春:吉林大学.

石文杰,魏俊浩,谭俊,等,2019.基于滑动窗口对数标准离差法的地球化学异常识别:以青海多彩地区1:5万水系沉积物地球化学测量为例[J].地质科技情报,38(5):81-9.

时超,李荣社,何世平,等,2013.东昆仑东段金矿成矿时代及其与构造岩浆作用的关系[C]//中国地质学会.中国地质学会2013年学术年会论文摘要汇编:S11西北地区重要成矿带成矿规律与找矿突破分会场,123-125.

史长义,赵永平,刘莉,2003.矿产资源地球化学评价和预测的几个问题[J].地质与勘探,39(6):14-17.

宋凯,2019.青海东昆仑五龙沟矿集区深水潭金矿黄龙沟矿段成矿地质背景及成因研究[D].长春:吉林大学.

宋忠宝,张雨莲,陈向阳,等,2013.东昆仑哈日扎含矿花岗闪长斑岩LA-ICP-MS锆石U-Pb定年及地质意义[J].矿床地质,32(1):157-168.

苏胜年,刘志刚,严正平,等,2012.青海占卜扎勒铁矿Ⅰ号磁异常区地质特征及找矿前景[J].矿产勘查,3(5):666-672.

苏松,2011.东昆仑祁漫塔格成矿带虎头崖铅锌矿矿化规律和经济评价[D].北京:中国地质大学(北京).

孙莉,肖克炎,高阳,2013.彩霞山铅锌矿原生晕地球化学特征及深部矿产评价[J].吉林大学学报(地球科学版),43(4):1179-1189.

谈艳,张钰,周洪兵,等,2019.青海省枪口南银多金属矿床地质特征、控矿因素及矿床成因[J].地质找矿论丛,34(1):29-35.

谭红艳,于成广,张海涛,等,2017.辽宁虎山—永甸地区水系沉积物测量异常特征及成矿预测[J].地质与资源,26(4):357-365.

陶斤金,2014.青海省按纳格金矿流体包裹体特征及矿床成因研究[D].长沙:中南大学.

陶诗龙,赖健清,黄敏,2016.青海祁漫塔格肯德可克多金属矿床硫、铅同位素特征及成因意义[J].地质找矿论丛,31(2):182-189.

田承盛,2012.东昆仑中段五龙沟矿集区金矿成矿作用及成矿预测研究[D].北京:中国地质大学(北京).

田承盛,丰成友,李军红,等,2013.青海它温查汉铁多金属矿床 $^{40}Ar-^{39}Ar$ 年代学研究及意义[J].矿床地质,32(1):169-176.

王春辉,2017.青海省玛多县坑得弄舍金多金属矿床地质地球化学特征[D].北京:中国地质大学(北京).

王富春,陈静,谢志勇,等,2013.东昆仑拉陵灶火钼多金属矿床地质特征及辉钼矿Re-Os同位素定年[J].中国地质,40(4):1209-1217.

王冠,2012.青海果洛龙洼金矿床地质特征及成因探讨[D].长春:吉林大学.

王建复,2015.高精度磁测在辽宁开原市上顶子铁矿勘查中的应用效果[J].科技与企业,12:252-253.

王婧,靳杨,王辉,2020.青海省都兰县各玛龙铅锌矿矿床特征与成因研究[J].中国锰业,38(1):36-38.

王俊虎,武鼎,张杰林,等,2020.基于多源遥感数据的纳米比亚欢乐谷地区千岁兰断裂带识别及新发现[J].地质科技通报,39(5):183-190.

王坤,曾昭发,张良怀,等,2018.伊通盆地横头山火山机构综合地球物理探测[J].吉林大学学报(地球科学版),48(5):1522-1531.

王磊,杨建国,王小红,等,2016.甘肃北山炭山子—黄草泉一带水系沉积物地球化学特征及找矿远景[J].现代地质,30(6):1276-1284.

王松,丰成友,2014.青海祁漫塔格卡尔却卡铜多金属矿成矿物质来源探讨[J].中国煤炭地质,26(12):89-93.

王松,丰成友,李世金,等,2009.青海祁漫塔格卡尔却卡铜多金属矿区花岗闪长岩锆石SHRIMP U-Pb测年及其地质意义[J].中国地质,36(1):74-84.

王铜,2015.青海五龙沟金矿床地质特征与成因研究[D].北京:中国地质大学(北京).

王晓云,张萱颖,马忠贤,2017.沟里地区1:2.5万水系沉积物测量应用效果对比分析[J].青海国土经略,4:75-78.

王占孝,张国鸿,2012.EH-4大地电磁法探测地下暗河[J].安徽地质,22(3):192-195.

王治华,谭俊,王凤林,等,2019.多种区域化探数据处理方法及异常提取效果对比研究：以青海小河坝地区水系沉积物测量为例[J].矿产勘查,10(2):321-332.

魏俊浩,2020.初论成矿场与矿产勘查意义[J].地质科技通报,39(1):114-129.

魏启荣,李德威,王国灿,2007.东昆仑万保沟群火山岩(Pt_2w)岩石地球化学特征及其构造背景[J].矿物岩石,27(1):97-106.

吴庭祥,李宏录,2009.青海尕林格地区铁多金属矿床的地质特征与地球化学特征[J].矿物岩石地球化学通报,28(2):157-161.

武亚峰,2019.青海省都兰县那更康切尔沟银矿床地质特征及成因[D].长春:吉林大学.

奚仁刚,校培喜,伍跃中,等,2010.东昆仑肯德可克铁矿区二长花岗岩组成、年龄及地质意义[J].西北地质,43(4):195-202.

夏锐,卿敏,王长明,等,2014.青海东昆仑托克妥Cu-Au(Mo)矿床含矿斑岩成因：锆石U-Pb年代学和地球化学约束[J].吉林大学学报(地球科学版),44(5):1502-1524.

夏锐,2017.东昆仑古特提斯造山过程与金成矿作用[D].北京:中国地质大学(北京).

肖晔,丰成友,李大新,等,2014.青海省果洛龙洼金矿区年代学研究与流体包裹体特征[J].地质学报,88(5):895-902.

肖晔,丰成友,刘建楠,等,2013.青海肯德可克铁多金属矿区年代学及硫同位素特征[J].矿床地质,32(1):177-186.

熊富浩,2014.东昆仑造山带东段古特提斯域花岗岩类时空分布、岩石成因及其地质意义[D].武汉:中国地质大学(武汉).

徐博,王成勇,刘建栋,等,2020.东昆仑河尔格头地区晚三叠世花岗岩成因:年代学、地球化学及 Sr-Nd-Pb 同位素约束[J].地质学报,94(12):3643-3656.

徐崇文,魏俊浩,周红智,等,2020.东昆仑东段那更康切尔银矿硫-铅同位素特征与找矿模型[J].地质通报,39(5):712-727.

徐国端,2010.青海祁漫塔格多金属成矿带典型矿床地质地球化学研究[D].昆明:昆明理工大学.

许庆林,2014.青海东昆仑造山带斑岩型矿床成矿作用研究[D].长春:吉林大学.

严玉峰,杨雪松,陈发彬,等,2012.东昆仑-拉陵灶火中游含钼花岗岩的特征[J].中国科技信息,18:37-39.

阎昆,杨崇科,杨延伟,2014.简析深部金属矿勘查中常用物探方法[J].河南科技,5:39.

燕正君,2019.青海省哈日扎矿区银多金属矿成因探讨[D].长春:吉林大学.

杨平,裴生菊,陈丽娟,等,2010.青海哈日扎含铜斑岩特征及其找矿潜力分析[J].青海大学学报(自然科学版),28(6):62-68.

杨延乾,李碧乐,许庆林,等,2013.东昆仑埃坑德勒斯特二长花岗岩锆石 U-Pb 定年及地质意义[J].西北地质,46(1):56-62.

杨志明,侯增谦,杨竹森,等,2012.短波红外光谱技术在浅剥蚀斑岩铜矿区勘查中的应用:以西藏念村矿区为例[J].矿床地质,31(4):699-717.

姚佛军,焦鹏程,赵艳军,等,2021.干盐湖区隐伏控卤构造遥感识别研究:以马海盐湖为例[J].地质学报,95(7):2225-2237.

姚文光,贾群子,张汉文,等,2002.青海督冷沟铜钴矿床地质特征及成因[J].矿床地质,21(S1):523-526.

叶益信,邓居智,李曼,等,2011.电磁法在深部找矿中的应用现状及展望[J].地球物理学进展,26(1):327-334.

殷鸿福,张克信,2003.中华人民共和国区域地质调查报告:冬给措纳湖幅 I47C001002[M].武汉:中国地质大学出版社.

尹利君,刘继顺,杨立功,等,2013.青海都兰白石崖矿区花岗岩年代学、地球化学特征及地质意义[J].新疆地质,31(3):248-255.

尹烁,2019.岩浆-热液体系与磁铁矿环带的形成演化及其地质意义[D].武汉:中国地质大学(武汉).

于炳飞,罗恒,李端,等,2021.金牛火山岩盆地重磁异常综合分析及找矿预测[J].地质科技通报,41(3):282-299.

于俊博,宋云涛,郭志娟,等,2014.R 型聚类分析在区域化探元素分组中的作用探讨[J].物探化探计算技术,36(6):771-776.

于森,丰成友,刘洪川,等,2015.青海尕林格矽卡岩型铁矿金云母 $^{40}Ar/^{39}Ar$ 年代学及成矿地质意义[J].地质学报,89(3):510-521.

于森,丰成友,赵一鸣,等,2014.青海卡而却卡铜多金属矿床流体包裹体地球化学及成因意义[J].地质学报,88(5):903-917.

岳维好,2013.东昆仑东段沟里金矿集区典型矿床地质地球化学及成矿机理研究[D].昆明:昆明理工大学.

詹小弟,2016.东昆仑拉陵灶火中游地区铜钼多金属矿成矿地质特征及矿床成因探讨[D].西安:长安大学.

翟裕生,1999.论成矿系统[J].地学前缘,6(1):13-27.

张宝林,吕古贤,余建国,等,2021.内蒙古赤峰柴胡栏子金矿及周边地区构造形迹的"米字型"分布及其控矿特征[J].现代地质,35(5):1267-1273.

张斌,2017.东昆仑哈日扎南区铅锌多金属矿床地质特征及成因探讨[D].西安:长安大学.

张德全,党兴彦,佘宏全,等,2005.柴北缘—东昆仑地区造山型金矿床的Ar-Ar测年及其地质意义[J].矿床地质,24(2):87-98.

张激悟,2013.青海东昆仑沟里地区阿斯哈金矿床元素地球化学特征与成矿分析[D].昆明:昆明理工大学.

张雷,2013.东昆仑野马泉地区三叠纪构造岩浆作用与成矿关系[D].北京:中国地质大学(北京).

张楠,林龙华,管波,等,2012.青海坑得弄舍金-多金属矿床的成矿流体及物质来源研究[J].矿床地质,31(S1):691-692.

张先超,李茂盛,裴有生,2017.青海省都兰县各玛龙地区银多金属矿成因机理浅析[J].世界有色金属,12:148-149.

张晓飞,2012.东昆仑祁漫塔格地区虎头崖多金属矿床成因探讨[D].西安:长安大学.

张亚峰,裴先治,丁仨平,等,2010.东昆仑都兰县可可沙地区加里东期石英闪长岩锆石LA-ICP-MS U-Pb年龄及其意义[J].地质通报,29(1):79-85.

张焱,周永章,王正海,等,2011.广东庞西垌地区地球化学组合异常识别与提取[J].地球学报,32(5):533-540.

张耀玲,张绪教,胡道功,等,2010.东昆仑造山带纳赤台群流纹岩SHRIMP锆石U-Pb年龄[J].地质力学学报,16(1):21-27.

张宇婷,2018.青海东昆仑中段五龙沟矿集区金矿成矿作用研究[D].长春:吉林大学.

张圆圆,易立文,谢炳庚,等,2022.青海虎头崖铅锌多金属矿床原位硫、铅同位素组成及成矿物质来源探讨[J].矿物岩石地球化学通报,41(1):156-165.

张照伟,李文渊,钱兵,等,2015.东昆仑夏日哈木岩浆铜镍硫化物矿床成矿时代的厘定及其找矿意义[J].中国地质,42(3):438-451.

张志尉,米晓明,石延林,等,2020.青海省抗得弄舍金多金属矿床成矿流体及成矿物质来源[J].黄金,41(8):22-30.

张志颖,2019.青海省东昆仑造山带各玛龙银多金属矿床地质特征及成因探讨[D].长春:吉林大学.

章永梅,顾雪祥,程文斌,等,2010.内蒙古柳坝沟金矿床原生晕地球化学特征及深部成矿远景评价[J].地学前缘,17(2):209-221.

赵俊伟,2008.青海东昆仑造山带造山型金矿床成矿系列研究[D].长春:吉林大学.

赵宁博,傅锦,张川,等,2012.子区中位数衬值滤波法在地球化学异常识别中的应用[J].世界核地质科学,29(1):47-51.

赵拓飞,2021.青海东昆仑西段卡尔却卡—阿克楚克赛地区镍、铜成矿作用研究[D].长春:吉林大学.

赵旭,2020.东昆仑造山带沟里地区构造岩浆转换与金成矿作用[D].武汉:中国地质大学(武汉).

郑义,2022.热液矿床超大比例尺构造-蚀变-矿化填图:基本原理与注意事项[J].地球科学,47(10):3603-3615.

钟世华,丰成友,任雅琼,等,2017.新疆维宝矽卡岩铜铅锌矿床维西矿段成矿流体性质和来源[J].矿床地质,36(2):483-500.

周凤,2010.青海省果洛龙洼金矿区流体包裹体研究[D].长沙:中南大学.

周建厚,丰成友,沈灯亮,等,2015.新疆祁漫塔格维宝矿区西北部花岗闪长岩年代学、地球化学及其构造意义[J].地质学报,89(3):473-486.

周圣华,鄢云飞,李艳军,2007.矿产勘查中的物化探技术应用与地质效果[J].地质与勘探,43(6):58-62.

朱德全,朱海波,李宝龙,等,2018.青海省都兰县热水铜钼矿床辉钼矿Re-Os测年及成矿意义[J].世界地质,37(4):1004-1017.

朱卫平,刘诗华,朱宏伟,等,2017.常用地球物理方法勘探深度研究[J].地球物理学进展,32(6):2608-2618.

朱云海,林启祥,贾春兴,等,2005.东昆仑造山带早古生代火山岩锆石SHRIMP年龄及其地质意义[J].中国科学(D辑:地球科学)(12):1112-1119.

朱云海,张克信,2000.东昆仑造山带东段晋宁期岩浆活动及其演化[J].地球科学(3):261-266.

庄玉军,曹新志,黄良伟,等,2014.矿床剥蚀程度研究现状综述[J].地质科技情报,33(1):171-177.

AHMADI H,PEKKAN E,2021. Fault-based geological lineaments extraction using remote sensing and GIS—a review[J]. Geosciences,11(5):183.

BOGDANOVA S V,PISAREVSKY S A,LI Z X,2009. Assembly and breakup of Rodinia(some results of IGCP Project 440)[J]. Stratigraphy and Geological Correlation,17(3):259-274.

CAO L,YI L,DAI W,et al.,2021,Re-Os isotopic age of molybdenite of the Jingren deposit and its mineralogical significance of magnetite, pyrite and chalcopyrite[J]. Acta Geologica Sinica-English Edition,95(4):1236-1248.

CAO M,LU L,2015. Application of the multivariate canonical trend surface method to the identification of geochemical combination anomalies[J]. Journal of Geochemical Exploration,153:1-10.

CHEN J J, WEI J H, FU L B, et al., 2017. Multiple sources of the early Mesozoic Gouli batholith, Eastern Kunlun Orogenic Belt, northern Tibetan Plateau: Linking continental crustal growth with oceanic subduction[J]. Lithos, 292: 161 – 178.

CHEN J, WANG B Z, LI B, et al., 2015. Zircon U – Pb ages, geochemistry, and Sr – Nd – Pb isotopic compositions of Middle Triassic granodiorites from the Kaimuqi Area, East Kunlun, Northwest China: Implications for slab breakoff[J]. International Geology Review, 57(2): 257 – 270.

CHEN L, SUN Y, PEI X, et al., 2001. Northernmost paleo – tethyan oceanic basin in Tibet: Geochronological evidence from $^{40}Ar/^{39}Ar$ age dating of Dur'ngoi ophiolite[J]. Chinese Science Bulletin, 46(14): 1203 – 1205.

CHEN N, SUN M, HE L, et al., 2002. Precise timing of the early Paleozoic metamorphism and thrust deformation in the Eastern Kunlun Orogen[J]. Chinese Science Bulletin, 47(13): 1130 – 1133.

CHEN X D, LI B, SUN C B, et al., 2021. Protracted storage for calc – alkaline andesitic magma in magma chambers: Perspective from the Nageng andesite, East Kunlun Orogen, NW China[J]. Minerals, 11(2): 198.

CHEN X D, LI Y G, LI M T, et al., 2019. Ore geology, fluid inclusions, and C – H – O – S – Pb isotopes of Nagengkangqieergou Ag – polymetallic deposit, East Kunlun Orogen, NW China[J]. Geological Journal, 55(4): 2572 – 2590.

DALZIEL I W D, 1997. Overview: Neoproterozoic – Paleozoic geography and tectonics: Review, hypothesis, environmental speculation[J]. Geological Society of America Bulletin, 109(1): 16 – 42.

DENG J, WANG Q F, LI G J, 2017. Tectonic evolution, superimposed orogeny, and composite metallogenic system in China[J]. Gondwana Research, 50: 216 – 266.

DING Q F, JIANG S Y, SUN F Y, 2014. Zircon U – Pb geochronology, geochemical and Sr – Nd – Hf isotopic compositions of the Triassic granite and diorite dikes from the Wulonggou mining area in the Eastern Kunlun Orogen, NW China: Petrogenesis and tectonic implications[J]. Lithos, 205: 266 – 283.

DING Q, YAN W, ZHANG B, 2016. Sulfur – and lead – isotope geochemistry of the Balugou Cu – Pb – Zn skarn deposit in the Wulonggou Area in the Eastern Kunlun Orogen, NW China[J]. Journal of Earth Science, 27(5): 740 – 750.

FAN X, SUN F, XU C, et al., 2021. Genesis of Harizha Ag – Pb – Zn deposit in the Eastern Kunlun Orogen, NW China: Evidence of fluid inclusions and C – H – O – S – Pb isotopes[J]. Resource Geology, 71(3): 177 – 201.

FANG J, CHEN H, ZHANG L, et al., 2015. Ore genesis of the Weibao lead – zinc district, Eastern Kunlun Orogen, China: Constrains from ore geology, fluid inclusion and isotope geochemistry[J]. International Journal of Earth Sciences, 104(5): 1209 – 1233.

主要参考文献

FANG J, ZHANG L, CHEN H, et al., 2018. Genesis of the Weibao banded skarn Pb – Zn deposit, Qimantagh, Xinjiang: Insights from skarn mineralogy and muscovite ^{40}Ar – ^{39}Ar dating[J]. Ore Geology Reviews, 100: 483 – 503.

FORSON E D, MENYEH A, WEMEGAH D D, 2021. Mapping lithological units, structural lineaments and alteration zones in the Southern Kibi – Winneba Belt of Ghana using integrated geophysical and remote sensing datasets[J]. Ore Geology Reviews, 137: 104271.

GAO H, SUN F, LI B, et al., 2020. Geochronological and geochemical constraints on the origin of the Hutouya polymetallic skarn deposit in the East Kunlun Orogenic Belt, NW China[J]. Minerals, 10(12): 1136.

GRIGORIAN S V, et al., 1977. Geochemical exploration methods for mineral deposits[J]. Geochimica et Cosmochimica Acta, 41(11): 1683.

GUO X Z, LÜ X B, JIA Q Z, et al., 2019. Fluid inclusions and S – Pb isotopes of the Reshui porphyry Mo deposit in East Kunlun, Qinghai Province, China[J]. Minerals, 9(9): 547.

HU Y, NIU Y, LI J, et al., 2016. Petrogenesis and tectonic significance of the late Triassic mafic dikes and felsic volcanic rocks in the East Kunlun Orogenic Belt, Northern Tibetan Plateau[J]. Lithos, 245: 205 – 222.

HUANG H, NIU Y, NOWELL G, et al., 2014. Geochemical constraints on the petrogenesis of granitoids in the East Kunlun Orogenic Belt, Northern Tibetan Plateau: Implications for continental crust growth through syn – collisional felsic magmatism[J]. Chemical Geology, 370: 1 – 18.

IONOV D A, HOEFS J, WEDEPOHL K H, et al., 1992. Content and isotopic composition of sulphur in ultramafic xenoliths from central Asia[J]. Earth and Planetary Science Letters, 111(2 – 4): 269 – 286.

JELLOULI A, EL HARTI A, ADIRI Z, et al., 2021. Application of optical and radar satellite images for mapping tectonic lineaments in Kerdous inlier of the Anti – Atlas belt, Morocco[J]. Remote Sensing Applications: Society and Environment, 22: 100509.

KEMGANG GHOMSI F E, KANA J D, ARETOUYAP Z, et al., 2022. Main structural lineaments of the southern Cameroon volcanic line derived from aeromagnetic data [J]. Journal of African Earth Sciences, 186: 104418.

LI J W, BI S J, SELBY D, et al., 2012. Giant Mesozoic gold provinces related to the destruction of the North China Craton[J]. Earth and Planetary Science Letters, 349: 26 – 37.

LI L, LIU H, WANG C, et al., 2021b. Metallogeny of the Dagangou Au – Ag – Cu – Sb deposit in the Eastern Kunlun Orogen, NW China: Constraints from ore – forming fluid geochemistry and S H O isotopes[J]. Geofluids: 301 – 317.

LI R B, PEI X Z, LI Z H, et al., 2015. Geochemistry and zircon U – Pb geochronology of granitic rocks in the Buqingshan tectonic mélange belt, northern Tibet Plateau, China and its implications for Prototethyan evolution[J]. Journal of Asian Earth Sciences, 105: 374-389.

LI X H, FAN H R, LIANG G Z, et al., 2021a. Texture, trace elements, sulfur and He-Ar isotopes in pyrite: implication for ore-forming processes and fluid source of the Guoluolongwa gold deposit, East Kunlun metallogenic belt[J]. Ore Geology Reviews, 136: 104260.

LIANG G Z, YANG K F, SUN W Q, et al., 2021. Multistage ore-forming processes and metal source recorded in texture and composition of pyrite from the Late Triassic Asiha gold deposit, Eastern Kunlun Orogenic Belt, western China[J]. Journal of Asian Earth Sciences, 220: 104920.

LIANG Y Y, XIA R, SHAN X, et al., 2019. Geochronology and geochemistry of ore-hosting rhyolitic tuff in the Kengdenongshe polymetallic deposit in the eastern segment of the East Kunlun Orogen[J]. Minerals, 9(10): 589.

LIU B, MA C Q, HUANG J, et al., 2017. Petrogenesis and tectonic implications of Upper Triassic appinite dykes in the East Kunlun Orogenic Belt, northern Tibetan Plateau[J]. Lithos, 284-285: 766-778.

LU S N, LI H K, ZHANG C L, et al., 2008. Geological and geochronological evidence for the Precambrian evolution of the Tarim Craton and surrounding continental fragments[J]. Precambrian Research, 160(1-2): 94-107.

NEDJRAOUI K, HAMOUDI M, BEN EL KHAZNADJI R, et al., 2021. Structural mapping and interpretation of lineaments related to the In Teria volcanism (southeastern Algeria) using Landsat 8 OLI TIRS images and aeromagnetic data[J]. Journal of African Earth Sciences, 184: 104348.

NEUMAYR P, WALSHE J, HAGEMANN S, et al., 2008. Oxidized and reduced mineral assemblages in greenstone belt rocks of the St. Ives gold camp, western Australia: Vectors to high-grade ore bodies in Archaean gold deposits[J]. Mineralium Deposita, 43(3): 363-371.

OHMOTO H, RYE R O, 1979. Isotopes of sulfur and carbon[M]//Barnes H L. Geochemistry of hydrothermal ore deposits. New York: John Wiley & Sons Inc, 509-567.

OYAWALE A A, ADEOTI F O, AJAYI T R, et al., 2020. Applications of remote sensing and geographic information system (GIS) in regional lineament mapping and structural analysis in Ikare Area, southwestern Nigeria[J]. Journal of Geology and Mining Research, 12(1): 13-24.

QU H, FRIEHAUF K, SANTOSH M, et al., 2019. Middle-Late Triassic magmatism in the Hutouya Fe-Cu-Pb-Zn deposit, East Kunlun Orogenic Belt, NW China: Implications for geodynamic setting and polymetallic mineralization[J]. Ore Geology Reviews, 113: 103088.

SHEBL A, CSÁMER Á, 2021. reappraisal of DEMs, radar and optical datasets in lineaments extraction with emphasis on the spatial context[J]. Remote Sensing Applications: Society and Environment, 24: 100617.

STEIN H J, 2000. Re–Os dating of low–level highly radiogenic (LLHR) sulfides: the Harnas gold deposit, southwest Sweden, records continental–scale tectonic events[J]. Economic Geology, 95(8): 1657–1671.

TÖZÜN, K. A, ÖZYAVAŞ, A. 2022. Automatic detection of geological lineaments in central Turkey based on test image analysis using satellite data[J]. Advances in Space Research, 69(9), 3283–3300.

WANG C, CARRANZA E J M, ZHANG S, et al., 2013. Characterization of primary geochemical haloes for gold exploration at the Huanxiangwa Gold Deposit, China[J]. Journal of Geochemical Exploration, 124: 40–58.

WANG H, FENG C Y, LI R X, et al., 2018. Geological characteristics, metallogenesis, and tectonic setting of porphyry–skarn Cu deposits in East Kunlun Orogen[J]. Geological Journal, 53: 58–76.

WARD J, MAVROGENES J, MURRAY A, et al., 2017. Trace element and sulfur isotopic evidence for redox changes during formation of the Wallaby Gold Deposit, Western Australia[J]. Ore Geology Reviews, 82: 31–48.

WU J J, ZENG Q D, SANTOSH M, et al., 2021. Intrusion–related orogenic gold deposit in the East Kunlun Belt, NW China: A multiproxy investigation[J]. Ore Geology Reviews, 139: 104550.

XIA R, DENG J, QING M, et al., 2017. Petrogenesis of ca. 240 Ma intermediate and felsic intrusions in the Nan'getan: Implications for crust–mantle interaction and geodynamic process of the East Kunlun Orogen[J]. Ore Geology Reviews, 90: 1099–1117.

XIA R, WANG C M, DENG J, et al., 2014. Crustal thickening prior to 220 Ma in the East Kunlun Orogenic Belt: Insights from the Late Triassic granitoids in the Xiao–Nuomuhong Pluton[J]. Journal of Asian Earth Sciences, 93: 193–210.

XIA R, WANG C M, QING M, et al., 2015a. Molybdenite Re–Os, zircon U–Pb dating and Hf isotopic analysis of the Shuangqing Fe–Pb–Zn–Cu skarn deposit, East Kunlun Mountains, Qinghai Province, China[J]. Ore Geology Reviews, 66: 114–131.

XIA R, WANG C M, QING M, et al., 2015b. Zircon U–Pb dating, geochemistry and Sr–Nd–Pb–Hf–O isotopes for the Nan'getan granodiorites and mafic microgranular enclaves in the East Kunlun Orogen: Record of closure of the Paleo–Tethys[J]. Lithos, 234: 47–60.

XIN W, SUN F Y, ZHANG Y T, et al., 2019. Mafic–intermediate igneous rocks in the East Kunlun Orogenic Belt, northwestern China: Petrogenesis and implications for regional geodynamic evolution during the Triassic[J]. Lithos, 346: 105159.

XIONG F H, MA C Q, ZHANG J Y, et al., 2014. Reworking of old continental lithosphere: An important crustal evolution mechanism in orogenic belts, as evidenced by Triassic I – type granitoids in the East Kunlun Orogen, Northern Tibetan Plateau[J]. Journal of the Geological Society, 171(6): 847 – 863.

YANG J S, ROBINSON P T, JIANG C F, et al., 1996. Ophiolites of the Kunlun Mountains, China and their tectonic implications[J]. Tectonophysics, 258(1 – 4): 215 – 231.

YIN S, MA C, XU J, 2017. Geochronology, geochemical and Sr – Nd – Hf – Pb isotopic compositions of the granitoids in the Yemaquan orefield, East Kunlun Orogenic Belt, northern Qinghai – Tibet Plateau: Implications for magmatic fractional crystallization and sub – solidus hydrothermal alteration[J]. Lithos, 294: 339 – 355.

ZHANG B, YANG T, YANG S F, et al., 2018. The metallic minerals and S and Pb isotope compositions of the Harizha Lead Zinc Polymetallic Deposit, East Kunlun[J]. Geoscience, 32(4): 646.

ZHANG J Y, MA C Q, XIONG F H, et al., 2014. Early Paleozoic high – Mg diorite – granodiorite in the Eastern Kunlun Orogen, western China: Response to continental collision and slab break – off[J]. Lithos, 210 – 211: 129 – 146.

ZHANG J Y, MA C Q, LI J W, et al., 2017. A possible genetic relationship between orogenic gold mineralization and post – collisional magmatism in the Eastern Kunlun Orogen, Western China[J]. Ore Geology Reviews, 81: 342 – 357.

ZHAO X, FU L B, WEI J H, et al., 2019. Late Permian back – arc extension of the eastern Paleo – Tethys Ocean: Evidence from the East Kunlun Orogen, Northern Tibetan Plateau[J]. Lithos, 340 – 341: 34 – 48.

ZHAO X, FU L B, WEI J H, et al., 2021. Generation and structural modification of the giant Kengdenongshe VMS – type Au – Ag – Pb – Zn polymetallic deposit in the East Kunlun Orogen, East Tethys: Constraints from geology, fluid inclusions, noble gas and stable isotopes[J]. Ore Geology Reviews, 131: 104041.

ZHAO X, WEI J H, FU L B, et al., 2020. Multi – stage crustal melting from Late Permian back – arc extension through Middle Triassic continental collision to Late Triassic post – collisional extension in the East Kunlun Orogen[J]. Lithos, 360 – 361: 105446.

ZHONG S, FENG C, SELTMANN R, et al., 2018. Sources of fluids and metals and evolution models of skarn deposits in the Qimantagh Metallogenic Belt: A case study from the Weibao deposit, East Kunlun Mountains, northern Tibetan Plateau[J]. Ore Geology Reviews, 93: 19 – 37.

ZHU R X, FAN H R, LI J W, et al., 2015. Decratonic gold deposits[J]. Science China Earth Sciences, 58(9): 1523 – 1537.

ZUO P, LIU X, HAO J, et al., 2015. Chemical compositions of garnet and clinopyroxene and their genetic significances in Yemaquan skarn iron – copper – zinc deposit, Qimantagh, Eastern Kunlun[J]. Journal of Geochemical Exploration, 158: 143 – 154.